U0908647

四方华文

金蓝盟·论坛系列⑦

谢继东 主编

职业化

职场人士生存与发展的必备素养

中国本土咨询实战专家

姜荷著

纵横**职场**的第一准则！

全球500强企业**职业化**员工的修炼手册！

造就卓越企业和**优秀员工**的职场胜经！

图书在版编目（CIP）数据

职业化/姜荀著. —北京：经济管理出版社，2009.8
ISBN 978-7-5096-0654-4

Ⅰ. 职…　Ⅱ. 姜…　Ⅲ. 职业道德　Ⅳ. B822.9

中国版本图书馆 CIP 数据核字（2009）第 097212 号

出版发行：经济管理出版社
北京市海淀区北蜂窝 8 号中雅大厦 11 层
电话:(010)51915602　　邮编:100038

印刷：世界知识印刷厂　　经销：新华书店

组稿编辑：勇　生　　责任编辑：勇　生　何　蒂
技术编辑：杨国强　　责任校对：郭　佳

720mm×1000mm/16　　15.25 印张　　222 千字
2009 年 8 月第 1 版　　2009 年 8 月第 1 次印刷
印数：1—10000 册　　定价：28.00 元

书号：ISBN 978-7-5096-0654-4

序　言

职业化人才的坐标定位

经济全球化的发展使人才全球化趋势进一步增强，尤其在我国加入世界贸易组织后，国内企业在国际市场上与各国群雄一争高下，人才争夺战屡见不鲜。但是，许多企业对人才资源的特殊性研究不够，进而在人才的衡量标准、业绩考核、使用培养等方面出现了不少问题和偏差。带给企业家的主要困惑一方面是人才的数量过剩；另一方面则是企业找不到合适的高级职业化人才。

本书不想长篇累牍地去阐述有关人才的理论知识，而是主要以实战为切入点，与您共同探讨在新的世纪、新的竞争形势下，如何准确定位职业化人才的评价坐标。

人才是一个历史的概念、综合的概念和提升的概念，古今中外的许多专家、学者对人才的衡量及考评标准都做出了精辟的论述。目前，国内的知名学者也提出了智力观、教育观、人才观、人事管理观与人力资源观。而颇受关注的职业化人才是个综合的概念，它与个人所从事的管理、技术、操作及工作的系统和流程都是紧密联系的。

因此，对人才的标准及工作能力的评价就要进行系统分析。既要分析人才的意愿理念和道德水准，还要分析人才的管理素质、业务技能和绩效水平；既要分析人才的心态素质，还要分析人才的行为方式和操守准则；既要分析国外发达国家的用人机制，还要分析我国的具体国情。

合格的职业化人才会把企业的经营目标作为自己的职业方向，严格履行工作职责，凭借超群的技术和规范化的运作，全身心地投入工作，创造出色的业绩，努力推动企业的持续长久发展。

有人曾经预言，中国的企业至少需要100多万名高级职业经理人，他们将在企业做什么呢？第一，要做企业领导的左膀右臂，在老板的身边，就是“班底”的核心层面。第二，要做企业分公司或者各事业部的高级主管，就是做独当一面的人才。第三，要做关键部门的主管经理。

中国是一个有着13亿多人口的泱泱大国，人才结构、人才素质、人才定位与现有企业的需求很难对接，职业化人才的自我完善与企业认可的磨合期都在渴望缩短。

那么，中国企业究竟需要什么样的人才？我曾仔细分析、研究过企业的人才现状。21世纪，中国企业最缺少的就是具有领导力、创造力和执行力的高级复合型的职业化人才，这种职业化人才的标准就是“能干、肯干加可靠”。

第一，能干是职业化的基本功。近几年，发达国家的一些大型企业不惜以年薪10万美元、20万美元物色一名高级职业经理人和专业技术人才。职业经理人就是以经营管理企业为职业的管理者，职业经理人不是自称的，而是由市场来选择和评价的。职业经理人非常重视能力的培养和职业道德的修炼，注重业绩的提高和市场的评价。

在职场中，人的能力可分为六个层级：第一层级是基本层面的才干能力；第二层级是把工作干好的自我表率能力；第三层级是能带领团队把工作干好的领导能力；第四层级是能与时俱进地提出新的管理办法的创新能力；第五层级是踏实推进和组织实施的实践能力；第六层级是最高层面的育人能力，即培养人的能力。

作为企业的高级职业化人才，要做到能干，就需要在时代和市场环境的冲击下，激发职业拓展力，练就“操盘力、聚心力、沟通力和洞察力”。

操盘力表现在计划有套路、实施有归位、检查有跟踪、调整有步骤；聚心力表现在对下属宽严相济、恩威并施、奖罚分明；沟通力表现在做到上级有支持、同级有配合、下级不拆台；洞察力表现在处理好各种冲突、减少压力、降低内耗。

考察进入世界500强企业的用人标准时我发现，这些企业非常强调个人的知识和技能。从某种程度上说，它们已经不是在寻找人才，而是在寻找专家——即在某一方面达到顶级水平的人。

一个高级主管人才如果不懂经营，不了解行业特点、规模、竞争格局、对手情况，不了解客户需求、潜在市场、开发前景，就不能制定出切实可行的营销战略和市场推广策略。

如今的时代是一个竞争的时代，是一个能者居上的时代。你要想获得一份称心如意的工作，并得到较好的发展，那么，你只能用你的能力说话，用你的能力来实现自我价值，换取别人的尊重和认可。所以，21世纪最优秀的员工需要具备的第一要素就是——能干。

第二，肯干是职业化的硬功。有了能干的基本功还不够，还要有肯干的硬功。肯干即行动，而行动不是只说不干。一个真正肯干的人，在工作中，他一定会积极发挥自己的能力，热爱自己的工作，有决心完成每项工作任务，愿意为企业的发展投入最大的精力。

仅从工作态度和行为表现分析，肯干有六个方面的表现：一是态度好，二是想法正，三是敢负责，四是执行力强，五是能忍让，六是顾大局。只要符合其一，我们就认为这个人是肯干的。

对企业职业经理人肯干的要求是会领导、会整合、会管理、会协作、会控制、会储备。具体的要求是：领导要掌控肯干的角色，整合要激活肯干的能量，管理要把握肯干的资源，协作要营造肯干的氛围，控制要瞄准肯干的全程，储备要积蓄肯干的后劲。

面对工作任务时，有的人会立即开始行动。然而，有的人却对此犹犹豫豫，在他们的脑海中会毫无根据地盘算着各种各样的结果。于是，他们开始退缩了，开始为自己找各种各样的理由和借口，糊弄过关。

一些企业的职业经理人见硬就回，不敢负责、不善于团结、不一视同仁。这样的人组成的团队将是一个没有积极性、无法创新的团队。因为他们害怕开始新工作，他们无法面对未知的因素。

一个积极、优秀的团队，在面对任务时，每个员工的实际行动才是企业成功的起点，每个员工的干劲直接影响到企业的生产效率、工作效率和管理效率。

肯干，就要有动力、有激情，永不言弃。人们不仅生活在现实中，还应该生活在理想中。只要始终怀着执著的追求，在现实生活中努力拼搏，为实现理想而奋斗，就一定能够达到预期目的。面对竞争不断加剧的严峻考验，我们要积极应对挑战，把自己的精力全部投入在工作上，勤奋上进，敢于超越，就会不断获得成功。在成功的道路上，如果你不能为此坚持不懈地努力，那么，你只好用一生的时间去面对失败。

专注于你的工作，肯于吃苦、乐于奉献，把创业激情带到工作中去，在工作中充分施展你的能力和才华。所以，21 世纪最优秀的员工需具备的第二要素就是——肯干。

第三，可靠是职业化的内功。衡量人才的标准不仅仅是看他有没有才，看他的本领有多高，更重要的是看他是否具有忠诚可靠的内功。如果一个人既能干又肯干，但是到了企业里整天想着把公司的利益装进自己的腰包，这样的人就属于不可靠的人，是企业里的“毒瘤”。

当今世界，才华出众的人比比皆是，但是，有才华兼可靠的人却屈指可数。只有可靠、忠诚与能力齐备的人才是当今企业最需要、最抢手的。在这些企业里，员工是否可靠胜于其工作的能力。

即使你有专家的级别，但是，你如果给企业的领导一种不可靠的感觉，你就不可能进入到企业。

企业要用可靠的人，必须坚持“六个不”。第一，不能自立山头、拉帮结伙；第二，不能造谣生事，给企业制造问题；第三，不能假公济私，利用手里的职权为自己弄黑钱；第四，不能阳奉阴违；第五，不能贪污受贿，损公肥私；第六，不能阴谋“哗变”。

以上六项有居其一者，我们就可以认定他是不可靠的。

可靠要求职业经理人要有准确的职场定位：个人和企业要双向融合，互建人才落地的平台；有良好的职业心态：对企业常怀感恩之心、常怀忠诚之心、常怀敬业之心；有自强自律的职业操守：纪律上绝对服从、工作上顾全大局、务实上立足简单、行动上不能拖延；有努力提升的职业素质：不断提高胜任能力，最终融入高效执行的职业团队。

目前，在社会上就游荡着一批能力超群却又不可靠的“人才”，他们唯利是图，目光短浅。当受到领导的批评时，他们怀有敌视和报复心理，将公司的技术秘密和市场开发计划泄露给竞争对手，带走大批企业核心人才，使企业遭受无法估量的损失。

这正如国家安全部门的高级特工和军事基地的科研人员不忠诚、不可靠会危及国家安全一样，企业员工不可靠就会危及企业的生存、稳定和安全。

作 者

2009 年 6 月 18 日

目 录

上篇 “能干”是职业化的基本功

中篇 “肯干”是职业化的硬功

下篇 “可靠”是职业化的内功

上篇 “能干”是职业化的基本功

能干就是在时代、市场和职业化标准的驱动下，用职业经理人特有的拓展力激发其“操盘力、聚心力、沟通力、洞察力”。操盘力表现在计划有套路、实施有归位、检查有跟踪、调整有步骤；聚心力表现在宽严相济、恩威并施、奖罚分明；沟通力表现在上级有支持、同级有配合、下级不拆台；洞察力表现在能处理好各种冲突、减少压力、降低内耗。

拓展力
时代、市场、
标准、功底
聚心力
宽严相济、
恩威并施、
奖罚分明
洞察力
挖根源、找种
类、识人才、减
压力、降内耗
沟通力
和谐——上级
支持同级、配
合下级沟通
操盘力
计划、实施、
检查、调整
能力

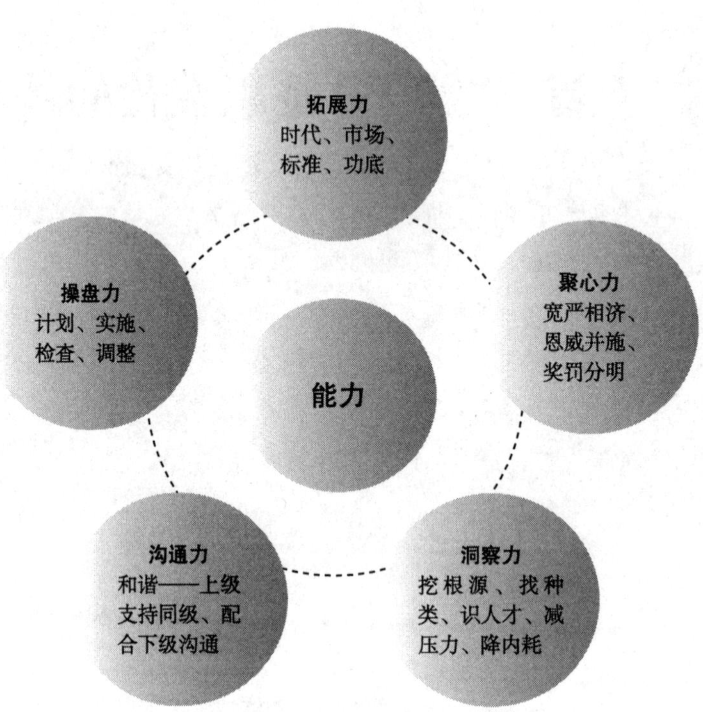

能干是职业化的基本功

第一章　职业化的拓展力

专家点悟

职业化的拓展力首先源于时代的驱动。因为知识经济、国际资本流动和国内经济体制改革，使得人才的职业化进程逐步加快。其次源于市场要求、职业标准的驱动。因为职业经理人贵在“职业”二字，主要含义是工作能力上乘，职业操守良好。实践证明，具有坚实功底的职业经理人才有无限的发展空间。

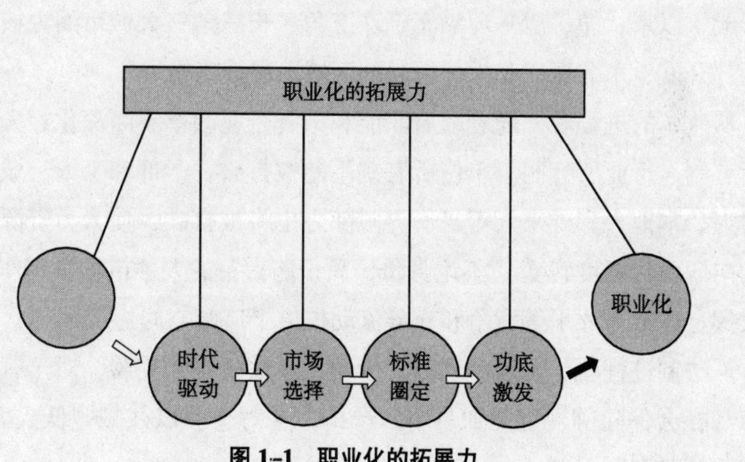

图 1-1　职业化的拓展力

1.1 时代的驱动

职业化人才是时代的产物，是国内外市场经济管理急需的人才，也是专业化、职业化、标准化管理的根本要求。正是由于市场的选择、评定和企业的检验，这类人才已经表现出卓尔不凡的拓展力。

从国际的冲击看，知识经济、国际资本流动和外贸依存度的增强，特别是一些重大国际活动的开展，使得国际范围内的人才竞争更加激烈，人才流动更加频繁。中国对于具有国际眼光和发达国家工作学习经历的国际化人才的需求十分强烈，国外人才流入中国的态势正在逐步增强，人才的职业化进程逐步加快。

从人才的分布看，中国宏观经济持续、稳定增长的趋势不容怀疑，这为各类人才提供了广阔的“用武之地”。中国区域经济战略不断调整，已经形成了以京、津、唐—环渤海、珠三角、长三角三大城市圈为核心，加快西部开发、东北振兴和中部崛起的区域发展战略格局。

从改革的进程看，随着政府职能和国有企业改革不断深化，人才的地区所有制、行业所有制、单位所有制不断被打破，干部和工人、城市人和农村人、本地人和外来人等身份界限随之也将被打破，使人力资源的身份制度向职业化制度转变。“不论身份，只论能力”的人才市场机制作用进一步发挥，这给人才平等竞争和充分流动提供了广阔空间。

从法制进程看，国家和地方的劳动人事法规不断完善，对于有关劳动用工、社会保险等规定更加具体、严格，这对企业以往靠“低人力成本”的竞争策略有所限制。

因此，企业必须改变以往人力资源管理的粗放模式，致力于提升人力资源素质和提高企业绩效。否则，在政策法规 “到位”的情况下，社会化、法制化、标准化的职业资格认证制度逐步完善，用人成本的刚性会随之上升，人力资源的收益将出现递减趋势。

从国内企业层面看，国有企业改制，事业单位与政府脱钩，转向企业化经营或是成为独立的社会中介机构；国有企业职工的身份置换、下岗分流、薪酬福利改革等问题浮出水面；民营企业进行二次创业，家族化管理问题，股东与职业经理人的互相信任问题，职业经理人队伍的形成和壮大等问题如果解决不好，将制约民营企业的进一步发展。

从外资企业层面看，外资企业的发展需要培养国际化人才，使用本土化的职业经理人，将外企文化和管理与中国传统文化相融合，需要通过有效的培训体系和执行机制才能体现出来。

据有关部门研究所得，目前，中国内地人与亚洲其他地区的管理人员薪酬已经很接近。以财务总监为例，中国内地人的年薪在 6 万~12 万美元，中国香港人要 7 万~13 万美元，中国台湾人要 7 万~11.5 万美元，新加坡人要 8 万~10 万美元。

1993 年中国内地人担任一个跨国企业的总经理，每年收入是 5 万~8 万美元，2004 年已增至 8.5 万~20 万美元。

从企业组织形态的变革看，比如组织流程再造、组织结构扁平化、虚拟化、矩阵化、网络化等，要求人才具有复合型、开放性的知识能力结构，要求人才对组织的自动自发的适应性、创造性能力更强。

现代企业更加强调务实、进取、创新等人才价值观念，因此员工更注重职业技能的提高，讲究职业形象和素养，提倡理性、公平、客观、规范、自律等工作行为准则与企业谈判能力提高。与自主择业（主动离职）行为趋势相适应，员工在企业之外的职业交往范围逐步拓展、质量上升，对于失业、流动的承受力将不断增强。

王石于 1984 年创立万科，他最大的成功就在于具备良好的战略创新能力，是中国职业经理人学习的典范。

首先，他具有善于变革的战略创新能力。每一次市场环境变化，王石都能带领企业敏锐地进行战略转型。从最初倒卖电子器材起家，到 1988 年股份制改造，突入房地产。从多元化到 1993 年起的专业化，全国战略收缩，专注于在一级大城市的城乡结合部开发针对白领群体的住宅，再到近几年的全国战略扩张，万科凭借其早已构建的融资通道并购整合，进入“资本 + 管理 + 品牌”为王的时代，成为中国地产的标杆。

其次，王石除了推动万科在中国率先确立了规范公司治理结构，使股东、董事会和管理层的职责和权力界定得比较清楚外，他首倡打造职业经理人制度，强调“弱化个人作用，强调制度作用”的理念；强调管理队伍整体建设，定期业绩评价，鼓励称职的职业经理人为公司长期服务，淘汰不合格的经理人。

万科培养职业经理人的《公司制度手册》成为其他公司的模板，他“作秀”的手法为地产圈包括潘石屹等后来者学习借鉴。他的专业化、精细化的操作，引领了中国企业的专业化风潮，被称为“中国第一职业经理人”。

1.2 市场的选择

市场本身是客观的，它所派生出的经济关系和诸多客体是市场运行机制所需要的。由此而来的职业者、管理者就成为驱动整个机制运行的有机组成部分。职业经理人就是以经营管理企业为职业的管理者，职业经理人不是自称的，而是由市场来选择和评价的。

职业经理人首先要具备三大特征：

1. 职业化

职业经理人主要是对自己的职业负责，而不是对某个人或某个企业负责。相对企业和企业所有者而言，职业经理人是自由的，是可以选择和流动的，这正是职业经理人的生命力所在。

2. 市场化

市场需求决定职业经理人的价值。如果一个职业经理人，虽然有市场演练和操作的基础，但由于缺乏市场实战经验，那么，他随时都面临被市场抛弃的可能。

因此，市场价值是职业经理人的生命，失去了市场价值，就意味着职业生涯的终结。

3. 专业化

职业经理人所依靠的是自己管理和运作企业的技能，而不是自己的资本。因此，他的一切行为都必须达到专业水准。

由于市场环境、技术和竞争对手随时在发生变化，企业对职业经理人的专业技能要求越来越高，所以，职业经理人必须善于学习，不断提高自己，使自己的能力符合自己职业的专业要求。

国际化的市场、商业化的运作还需要职业经理人具备以下四项综合素质：

1. 出色的决策能力和领导能力

职业经理人常常被大型公司和新兴的高技术公司所聘用，这些公司要面对复杂的市场环境，解决经营管理中的各种问题。因此，职业经理人只有具备出色的决策能力，才能做出正确的判断，领导企业走向成功。

通常导致企业毁灭性的失误，不是某一项经营上的失误或管理上的不足，而是决策上的失误。因此，出色的决策能力对职业经理人来说至关重要。

决策能力要通过综合素质的提高来培养，要能倾听大多数人的意见，尤其是来自反面的意见，这是防止决策失误的最有效方法。

2. 识别、选拔、任用、考核评价和激励人才的能力

无论职业经理人多么出色，都不是全才，需要有一批杰出的人才在其周围担任高级经营和管理职位。这些人才是否具有与其配合做好工作的能力，则取决于职业经理人的识别和选拔能力。

如果人才选拔出来，不能知人善任、人尽其才，既浪费人才，又会造成工作的失误。能够识别、选拔、任用人才，但不会评价和激励，也会造成人才流失或使人才的积极性受到压抑。

因此，作为一名合格的职业经理人要做到知人善任、心胸开阔、亲和力强，能发现和挖掘人的潜质并加以培养和使用，以此来提高人才运用的能力。

3. 战略规划设计和组织实施能力

企业战略就是围绕企业发展方向和所要实现的目标，进行资源配置的优化以及与此相适应的经营管理体制的设计。企业的战略要通过战略规划设计来体现，而企业的战略规划设计主要依赖于职业经理人的战略规划设计和组织实施能力，这是确保企业长期发展的必备素质之一。

战略规划能力是通过长期企业管理经验积累的。因此职业经理人要亲自主持企业战略规划设计而不能让下属“越俎代庖”，要全面把握外部经营环境的现状和未来。

组织实施能力实际上取决于职业经理人的意志力。如果确认所设计的战略是正确的，就要坚定不移地去推进，不要因为一时的挫折和一些人的不理解而动摇。

4. 营造和谐气氛，创造蓬勃向上企业文化的能力

企业是一个组织，是由许多员工组成的团队。任何一个企业都有运作规则和规章制度，这是企业成功的基础要素而不是决定因素。

通过对那些成功企业的仔细研究可以发现，往往个性的东西起决定作用，这个个性化因素就是企业文化和团队精神。企业独有的企业文化和团队精神的形成，又与职业经理人的个人风格有关。作为一名优秀的职业经理人，应该具备营造和谐的企业内部氛围，创造蓬勃向上企业文化的能力。

职业经理人在我国还是一个新事物，职业经理人队伍还没有形成，职业经理人市场还处在萌芽状态，职业经理人市场评价体系还在探索阶段，职业经理人规则还有待建立。

然而，我国经济市场化发展的迅猛态势以及对职业经理人需求迅速增长的现实，已将加强职业经理人培养、提高职业经理人素质这一重大课题日益紧迫地摆在我们面前。

1.3 标准的圈定

人才个性千奇百怪，人才类型也是多种多样，企业如果不设定制约员工行为的标准，结果肯定是各行其是。仅以 CEO 的分析为例，根据各类企业 CEO 的不同特点和性格类型，有关专家为 CEO 刻画了六种极端画像，并提出了有益的忠告：

（1）专制型：性格霸道，言必信、行必果，不能容忍别人的缺点，扼杀下属的个性和创造性，对事不对人，不记仇。

忠告：要从工作效率转移到对人的尊重上来。

（2）多变型：重人情，人际关系搞得好，但做事粗糙，往往说的多做的少，朝令夕改。久而久之，下属无所适从，且怀疑其人格，导致其领导力逐渐丧失。

忠告：不要轻易承诺，要养成工作按计划、说话负责任和注重细节的习惯。

（3）完美型：讲究细节，追求完美，对他人很挑剔，由此导致企业效率低下、官僚主义盛行。

忠告：适度关注细节，更多地把眼光放到关键问题上。

（4）老好人型：重视人际关系，即使企业出现问题和严重错误时，也不愿牺牲人际关系，导致企业一盘散沙，整体凝聚力严重不足。

忠告：要改变自己的效率观，保持人际关系与工作效率平衡。

（5）短视型：工作效率高，但非常重视短期结果，且人际关系紧张，常常导致公司风险突如其来，甚至风险来临前没有任何征兆。

忠告：不要仅仅过分强调工作效率和只关注眼前利益，把眼光放远点。

（6）野心型：野心大，甚至连老板都不放在眼里，导致企业要么险胜，要么惨败，最后自己走人。

忠告：适当收敛自己的思想和行为，开阔胸襟，兼顾全局。

上海在吸引人才方面的许多制度敢为人先，最近出台了《职业经理人职业标准》（以下简称《标准》）的文件，职业经理人这个并没有组织形态的职业群体又被凸显出来。

上海的职业经理人定义是：运用全面的经营管理知识和丰富的管理经验，独立对一个经济组织或部门开展经营或进行管理的个人。

《标准》将职业经理人分成职业经理人和高级职业经理人两个等级，并进一步提出了职业经理人的资格认证制度，通过考试来认证经理人是否达到职业水准。

《标准》中提出职业经理人参加的培训辅导不得低于250学时，高级职业经理人不得低于300学时。

《标准》还对职业经理人提出了两方面的要求，一是“基本要求”；二是“工作要求”。

对职业经理人的基本要求主要包括“职业道德”和“作为职业经理人所必须具备的知识”。职业经理人要了解行政管理、财务管理、生产管理、营销管理、信息管理这五大管理系统的基本原理与专业知识。

对职业经理人的“工作要求”包括21项技能要求，并作出了考试命题分配：

行政事务（5分）；人力资源管理（10分）；领导科学（5分）；公关（5分）；财务报表分析（5分）；成本管理（4分）；经营决策（8分）；掌握法规（3分）；制定计划（5分）；现场管理（3分）；安全管理（2分）；质量管理（5分）；营销计划制定与管理（5分）；市场策略选择（5分）；市场调研（5分）；销售管理（5分）；国际贸易（5分）；分析信息流（4分）；选用信息技术和信息系统（3分）；开发、管理和控制信息系统（5分）；管理和控制信息资源（3分）。

在我国职业经理人欲形成一定的群体特征和规模的时机，上海推出了《职业经理人职业标准》，应该说非常及时和必要。

在由人群组成的商业社会中，大家对职业经理人这个管理阶层的价值认同增加了，企业需要大量这样具备良好职业道德和技能的管理者。但是从《标准》制定里，我们更多的是感受到对职业经理人管理水平的衡量，而对于职业道德的规范却缺乏力度。

“职业经理人”这个词不能因为一个《标准》的制定和证书的颁发，就让其丧失严肃性。不是所有的经理都能够称得上职业经理人。职业经理人贵就贵在“职业”二字上，主要含义是工作能力上乘，职业操守良好。

一个经理人能力不行当然谈不上职业，他首先要具备经理人的职业操守——经理人所属领域的做事规范。例如，对竞业禁止的遵守、对原来雇主的尊重、对下属的责任，等等。

如果一个公司的总经理做事常常违反公司规定，没有纪律原则和道德操守，他即使才华出众，我们也不能说他是个合格的职业经理人。

既然职业经理人有职业标准，那么，在实际工作中就要按此制定行为规范。根据发达国家职业经理人阶层的成长历程和我国许多企业尤其是民营企业的实践，职业经理人需要遵循的最基本的行为规范可以概括为以下几个方面：

恪尽职守：职业经理人要热爱自己的岗位，明确自身的责任，充分体现应有的敬业精神。职业经理人的职责并非可以精确地定义，其业绩表现受多种因素影响，而且需要时间来评价。因此，敬业精神就成了职业经理人的首要素质或行为准则。

遵守法律：市场经济是法制经济，职业经理人是市场经济不断发展的产物。因此，职业经理人要发挥自己职能的前提必须是守法。

守法包括两层含义：一是在执行自己的职能时要主动守法，不做违法的事；二是如果企业所有人强迫自己做违法的事，必须劝导对方走合法经营之路，并拒绝执行对方的要求，直到辞职。

股东利益第一：职业经理人必须为股东创造价值，这是职业经理人的基本职能。同时他还必须努力维护股东的利益，而不能利用职务之便反对股东。

如果股东在做违法的事，除了自己不能参与违法活动之外，还要劝导股东停止违法行为，但却不能利用职务之便（如在职时掌握的公司秘密文件和资料）或股东信任去反对股东。

公私分明：不利用职务之便去谋取私利，这一点许多人做得很不好。例如，不少人在上班时间处理私事，利用公司电话打私人电话，在公司业务中收取回扣等，甚至建立自己的小集团，这些都是职业经理人的职责所不允许的。

不介入股东之间的矛盾：对于有多个股东的企业，股东之间难免会有矛盾，职业经理人应该严格避免卷入这种矛盾之中，即便对企业有利也不过多参与。否则就违背了职业经理人的基本职能，产生许多负面影响。

用合法手段保护自己的利益：当自己的利益受到损害时，要利用法律和市场手段来保护自己的利益，而不能利用自己的职务或不正当手段来达到目的。

因此，职业经理人在进入职业市场时就应该签订相关的法律文件。既要明确双方的权利、责任和义务，又要规范双方的行为，保障双方的权益。

1.4 功底的激发

功底决定质量、功底决定效率、功底决定信誉。职业经理人是经过专业训练、具有职业资格的管理者。

尽管职业经理人是令人羡慕的职业，但却不是每个人都能胜任的，因为它有较高的职业门槛，要尝试、涉足和胜任这个职业，必须历练八种功底。

（1）超前的意识：职业经理人作为企业的掌舵人，把握行业发展的大趋势和企业发展的方向，具备战略眼光是非常重要的。

职业经理人对外必须了解与本企业相关的环境、行业和社会的变化，寻找发展的机遇，摆脱不利的影响；对内必须提前做好人财物的优化配置，以应对企业经营目标的调整。

(2) 敏锐的思维：职业经理人思维必须开放和求异，喜欢接受新事物，积极听取不同的意见，能够破旧立新，正确认识企业发展的机遇和问题，科学判断企业最紧急和最重要的问题，优化配置企业资源。

只有这样，企业才能实现技术、组织、制度和管理的创新，适应这个快速变化的信息时代。

(3) 宽阔的胸怀：职业经理人发挥个人才智的前提是必须建立一个坚强的团队。团队的基础是合作和信任，尤其是在员工多元化的条件下，接受和理解差异，以大度的胸怀将一些和自己的志趣有很大差异的成员组合起来，把多样化作为企业发展的优势资源加以利用是职业经理人必须修炼的一门功夫。

(4) 果敢的行动：顾客偏好的变化、产品和服务周期的缩短留给职业经理人思考和行动的时间已经越来越少。

要想抓住稍纵即逝的商机，职业经理人就必须果敢行动，具有冒险精神，在时刻关注市场变化的基础上，及时做出积极的反应。

(5) 可敬的信用：人无信不立，职业经理人的职业道德和操守是个人能否终身立业的根基，其中最重要的就是信用。

兑现对所有者、员工、顾客等各个利益关系者的郑重承诺，不做假账、不生产伪劣产品、不搞个人炒作，树立良好的个性品牌是每个职业经理人必须做到的。

(6) 良好的人缘：人和万事兴，职业经理人的工作性质决定了其必须面对和处理来自内部和外部的各种人际关系。

如果处理好这些错综复杂的关系，它们就会变成企业发展的推动力和合力，反之，就可能成为阻力和分力。

因此，兼顾和协调方方面面的利益，营造良好的人缘是职业经理人顺利开展工作和取得成功的必备条件。

(7) 积极的心态：面对激烈的竞争和快速变化的时代，职业经理人经常面临不确定条件下的重大决策，肩负企业生死存亡的重大责任，因此他们的精神压力很大。要化解这种压力，就要求职业经理人必须具备积极的心态，把压力变为动力，乐观、开朗地对待荣辱成败。

(8) 强健的体魄：工作的高负荷和快节奏对职业经理人的身体素质要求很高，注意作息规律、饮食营养和适量运动的结合，锻炼一个强健的体魄，保持旺盛的精力是职业经理人的基本功。

上述功夫的获得绝非一蹴而就，需要自身修炼和外部培训的有机结合。在中国职业经理人市场尚不完善的情况下，一方面要借助专业机构的指导和培训；另一方面要在平时的实际工作中自我完善。

▲名家之道

惠普的择才标准

作为全球信息技术领域最有影响力的企业之一——惠普，它的择才标准非常有特色。

首先，要求的是速度和灵活性。惠普是从高速变革的角度进行择才，他们非常看重人才的环境适应能力和学习能力。因此，惠普择才的第一个要求就是人才的速度和灵活性。

其次，注重结果。惠普非常欣赏能够分享、摒弃空谈、独立创新、每天做有意义的事情并能够帮助自己和公司达到目标的人才。

最后，就是“惠普之道”，即非常看重那些重视文化及过程的人才。

惠普筛选应聘者主要从两个角度来进行，第一是职位相关的筛选，第二是价值相关的筛选。

针对职位相关方面的筛选，关注的是人员的专业化、职业化以及个性特征。

在技术层面，惠普公司一定要先了解应聘者对应聘职位所要求的技术领域的掌握。比如招聘秘书，最基本的要求就是计算机能力、英文的听说读写能力。

另外，还要考查应聘者职位素质能力。比如招聘销售人员，这个职位的基本素质需要具有基本的销售能力以及如何去承受压力等。

所有应聘者的沟通能力、主动性、解决问题能力、承受压力能力、逻辑思维和自我激励这六个方面是惠普比较关注的。另外，惠普在招聘员工时，还非常注重应聘者的个性特征，比如应聘者是否具有团队合作精神。

价值相关的筛选是看应聘者是否能够与企业文化相匹配，价值取向主要包括企业荣誉感、对变化的适应力、开创能力、尊重别人以及充满激情等内容。这一点非常关键，因为价值取向很难通过培训来提高和改变，特别是在选择一些领导岗位的时候，更看重这个标准。

惠普会通过不断的评估和考察来发掘应聘者深层的人才价值，去考察他为什么离开以前的公司，加入新公司原因，考察他择业的标准以此来保证所招聘人员是企业真正需要并符合价值观的人。

第二章　职业化的操盘力

专家点悟

对于职业经理人而言，他的领导力最直接地体现在他从运作能力到操盘力的跨越，从而实现领导力的“升天”和“落地”。

操盘力要求职业经理人有思路、有套路、会执行，具体包括四点：计划、实施、检查和调整。计划要做到五个明确；实施要做到人归位、事归位、责任归位；检查要抓住过程、结果两个跟踪；调整要立足调心、调身、调气，这是作为职业经理人必须具备的管理技巧。

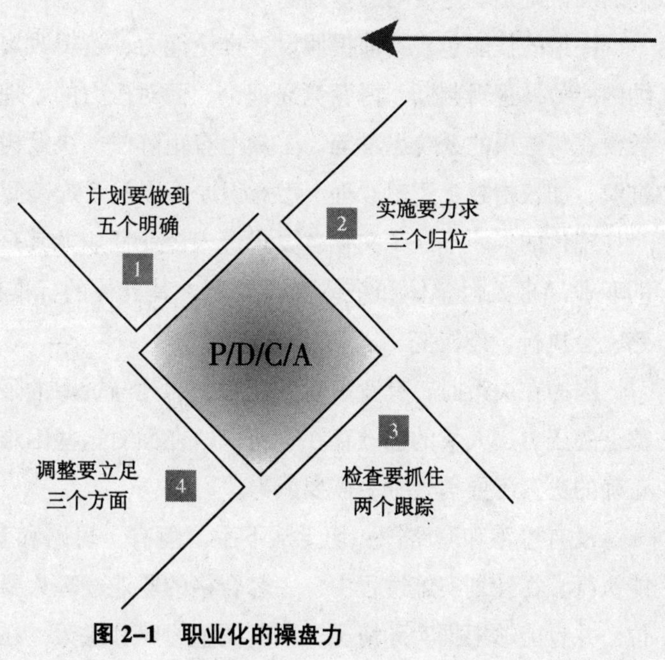

图 2–1　职业化的操盘力

2.1 计划有套路

职业经理人一定是权限内的出色决策者，另外，他还能迅速领悟董事会推出的决策内涵，并具备对高层决策可行性与科学性的判断能力。

一个没有决策远见的经理人，很可能只会追求企业的短期效益而忽略企业长远发展，如并购、长期投资、技术开发等重大战略问题。

不论是长期的战略规划（如年度营销策划、年度预算、质量改善计划等），还是短期的战略规划（如人员招聘计划、新产品上市计划、季节性推广计划等），都需要应用到计划的能力。

职业经理人的职责便是制定决策与领导执行。由于计划与执行的过程有许多的变量，因此必须慎重地进行决策。错误的决策就会导致失败，正确的决策则是奠定成功的基础。

决策的技能包含：前提假设、推论能力；逻辑收集、整理、分析、归纳的能力；逻辑判断、博弈竞局理论、面对压力的心理素质、如何避开心智模式与错误的系统思考等。工具上有矩阵法、决策树、电脑模拟、沙盘推演、加权指数、逻辑原理、潜意识原理以及系统模型等。

现代的人才不缺少文化，要求进入企业任职尤其是担任企业各级主管的职业经理人对整体和个体都会操盘，其具体的标准就是有思路、有套路、会执行、能权变。

因为在决策时，有竞争者的变量、时间与资源的限制、信息不足、道德上的压力、人情的包袱存在。所以，在面对这些困难与压力时，要制定正确的决策需要勇气，更需要能力。

没有思路和套路，一切无从下手。但有了思路和套路，还必须能干、能执行。在计划实施过程中，一名合格的职业经理人要敢打敢拼、步步到位，并且能够根据实际情况，不断调整思路和决策。在实践中落地、在实践中完善。

剖析这个具体的工作模式，我们发现，实际上它遵循的是一个 PDCA 的戴明环：P 是计划，D 是实施，C 是检查，A 是调整。

PDCA，它是美国戴明博士发明的用于控制和管理质量的一套管理方法。最开始应用于日本，叫 PDCA。依次又演进为 TQM，也有人把它叫做 TQC，就是全面质量管理。

如果你现在 PDCA 做得好，那是你应该做的；如果你连 PDCA 都不会做也做不好，就要加紧修炼。因为一个一线员工和一个主管最重要的区别就是计划的能力。

有时，我在企业做咨询项目，主要工作就是给企业选拔人才。首先我考察一个人有没有思路是通过谈话的方式来进行的，和他谈了一个小时，我不知道他在讲什么，你说这种人我敢用吗？答案很明显，我不敢！

因为，这种人没有思路，就很难产生执行的效果。所以，计划有套路是一个优秀的职业经理人所必须具备的条件。

PDCA 只是一个职业经理人的及格线，你要按此流程掌握了操作技巧和管理谋略才能达到基本合格。

有人说，我们每天都在做计划。实际上计划也分三六九等，我讲的计划和你做的计划可能有所差别。

如果你做到了，别沾沾自喜，因为这是最基本的；如果你没做到，要有所反思、找出差距、尽快达到；如果还想在现有的职位继续得到提升，就要首先学会做计划。

计划主要分为两种：第一种是持续性计划；第二种是事件性计划。

计划的要求是：有明确的目的、明确的目标、明确的方法、明确的控制和明确的考核。

计划的方式包括计划表、计划书和甘特图。

很多企业老板就看三张表：一是损益表；二是资产负债表；三是现金流量表。为了配合你的文字说明，你要有一个计划表，计划表就是时间、地点、人物和事件。

通常，在汇报工作的时候，语言不如文字，文字不如表格，表格不如图，因此要有一张完美的计划书。

我们在向更高级别领导汇报时，应多用甘特图，横轴是时间，纵轴是项目。这对于我们部署及检查工作非常有效。

为什么一个完美的计划得不到很好的执行呢？那是因为你的下属不太了解你想干什么。

中国人有一个心理特点：这件事情是你的主意，让我做，我很别扭；但这件事我参与了建议，让我去做，我很开心。

还有一些职业经理人，在企业当中非常能干，成绩十分突出。但是一直默默无闻，埋头苦干，始终得不到认可，这因为你没有计划。

计划的推行要分三步走：

第一步就是要动员下属。做计划前我们需要动员下属，让他参与讨论，我们要做什么，这个月我们要达到什么样的目标。比如我们要做一个品质的改善，要把现在的不合格率从3%降到1%，组织大家进行讨论。然后再进行盘点，说你这套模式或这套工序能不能把不合格率降到1%，最后做出承诺。

第二步就是要说服上司。首先，你要让上司审查计划；其次，你要争取上司指导，对做得不好的进行修正；最后，获得支持。

第三步就是要拿出剧本。剧本就是执行的剧本、管理的剧本和考核的剧本。所以，领导的命令，有的时候既是形式也是内容。

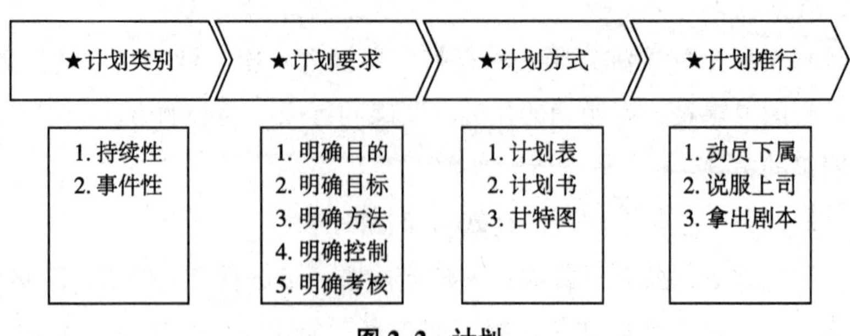

图 2–2　计划

什么是持续性计划？持续性计划就是在一段特定的时期之内可以重复使用的计划。

在企业当中哪些是可以重复使用的计划呢？第一个且是最大的计划就是战略和规划。

企业的战略和规划是企业的宪法和根本大法。企业必须有战略，大企业要有大战略，小企业要有小战略，但绝不允许企业没有战略。因为没有战略的企业，就是没有方向的企业，没有方向的企业就像一个无舵的船，无舵的船就会随波逐流，随时会葬身海底。

因此，一个企业必须要有战略和规划，并以此来指导管理工作。有了战略和规划以后，就要有制度和流程。制度是企业执行的规则，流程是执行的程序，它也属于持续性的计划，我们的职能和职责如部门职能和岗位职责都属于持续性的计划范围。

什么是事件性计划呢？事件性计划就是为了完成某件特定的工作或在特定时期制订的工作计划。

比如，周工作计划、月工作计划和年度工作计划都属于事件性计划。

另外，还有两种特殊的事件性计划：一种是项目性计划，比如新产品开发、技术改造或管理改造等都属于项目计划；另一种是问题性计划，比如，企业内制订的品质改善计划。

作为各级职业经理，我们研究的不仅仅是上面的持续性计划，更多要做的是工作计划、项目计划、问题计划这三大类事件性计划。

我们必须明确计划和工作效果的关系。没有计划或计划不周，企业就要乱套。

为此，我们在制订和实施工作计划时，可参考以下五个原则：

原则一：相信自己能完成工作和实现计划；

原则二：明确定义你的工作计划；

原则三：采取能够完成工作的任何合法手段；

原则四：让自己的工作计划有弹性以适应变化；

原则五：把工作分成不同阶段，分步实施和控制考核。

2.2 实施有归位

计划是为了实施。职业经理人必定是实干家或实力派，执行是经理人的“主戏”。决策出台后，经理人要集中精力进行实施，对所需人、财、物、技术等资源进行合理配置与优化组合，并根据市场变化不断调整决策，还要在管理执行中具备相当强的抗风险能力。

实施有两层含义：第一层含义是我自己要做得好；第二层含义就是你的部门、你的团队都要做好。

本来是你下属犯的错误，结果你却被上司狠狠地批了一顿，有没有这种现象？答案是有而且这种现象在企业里面很普遍，为什么呢？因为下属犯的错误就是你的错误。同时还揭示了另外一点，就是你下属的成绩实际上也是你的成绩。

所以，作为职业经理人更重要的是让你的团队中每一个人都做得很好，这是非常关键的。

实施要抓住两点：第一就是实施前的准备；第二是实施中的观察。很多事情没有做好是因为我们在实施之前没有做好准备。

实施的准备我们要做到：第一要人归位；第二要事归位；第三要责任归位。

让人归位，就是要知道你自己干什么。让事归位，就是让大家清楚需要做什么事。让人和事的关系归位，就是责任归位。做好了怎么办，做不好又怎么办，这一点非常重要，我们又把它叫做安排。

让人归位要做到五个明确：一要有明确的分工；二要有明确的责、权、利；三要有明确的组织者；四要有明确的考核人；五要有明确的执行人。

让事归位要做到三个清楚：第一要清楚我们的计划，即让每个人都清楚要做什么以及怎么做；第二要清楚自己的具体任务；第三要清楚目标。

责任归位要做到三个分清：一要分清是非，哪些是你该做的，哪些是你不该做的。二要分清优劣，优劣就是标准。三要分清得失，你做得好会得到什么，做不好会失去什么。这三点就构成了工作安排。

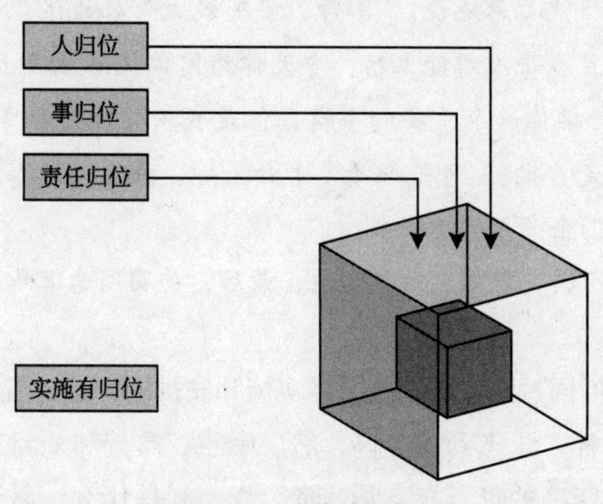

图 2–3 实施的准备

在《三国演义》中有一个大家熟悉的案例，我们可以看一看诸葛亮在赤壁之战里是如何安排、调度，最后智取华容道的。

诸葛亮借了东风以后就从东吴划船回到了驻地。他马上找到刘备，问刘皇叔，把我交给你的事情都做好了吗？刘备说我已经做好。交给什么事情？让他备好人马准备应战。

然后，诸葛亮就急匆匆地赶到了中厅升帐，安排赤壁之战。

《三国演义》中描写刘备后来得到的荆州大部分国土，实际上都是浑水摸鱼得来的。虽然真正得益的是东吴，但是很多的战利品、很多的人马和地盘都被刘备获得。

诸葛亮开始安排工作，令赵云：“你带三千人马到乌林，第一要放火，第二要杀敌一半。看见曹操回来的时候你半路拦截，如果你不能让他全军覆灭，最后可以杀掉一半。”又安排张飞道：“你也带三千人马到葫芦口，看见曹操在埋锅造饭的时候，你就领人杀过去但不要追击，把他吓跑，这叫放火扰敌。”然后，安排糜竺、糜芳和刘封，带五百个兵士沿江而行，收拾战利品。最后安排刘备，说：“你屯兵樊江口跟我一起瞭望，看周郎今夜成此大归，看黄盖使了苦肉计之后怎样把曹操打败。”

当时，关羽就心急地说：“军师，我随我大哥征战半生，每次大的战斗都有我，而且我每次都能立功，今天你为何偏偏不让我上阵？”诸葛亮说：“我本想安排你一个重要的事情，但是我怕你因为和曹操旧情未断，一时心软，放走曹操。”可关羽还是十分坚持，最后，两人签了一份军令状，相当于我们企业里的责任书。

果然不出所料，曹操大败华容道，最后，关羽因念旧情，放走曹操。

现在，我们回过头来看他是怎样实施和安排的。首先有没有明确的分工？赵云到乌林，张飞到葫芦口，然后糜竺、糜芳和刘封都有明确的分工。其次要有明确的责、权、利。责、权、利是什么？赵云负责乌林放火，杀一半敌人。张飞的责任是放火惊扰敌人，这是明确的责、权、利。接下来是明确的组织人，组织人是诸葛亮，考核人是刘备，执行人是这些五虎上将。所以他真正做到了人归位。

再看事归位，事归位就是我们要清楚计划。赤壁之战，每个人都清楚自己的任务、自己的目标。还有人和事的关系要归位，比如关羽，该做什么，不该做什么。然后有优劣，做得好怎样，活擒曹操。不好的怎样，就是最后得失。没有将曹操活擒回来，就被斩首。

在我们安排工作实施之前有没有做到三个归位？为什么事情会乱七八糟？这里就有我们安排工作、实施之前的关注程度问题。

安排工作完后，我们要关注实施。在安排给部属工作的时候，我们要关注事态的发展，不能人盯人、人管人，而是要关注。第一，关注细节。第二，关注关键事件。细节是什么呢？就是要关注团队工作的进度，要关注满意度，关注团队的热情和士气。第三，关注关键的路径。关注一些关键的事件和一些关键的指标。

我们在关注一些关键的事件和细节之后，就不至于在安排工作之后像断线的风筝一样失去控制。

2.3 检查有跟踪

检查是工作的跟踪，也是细节的掌控。很多新上任的职业经理人心里会有这样一个结论，认为我们的下属不太喜欢我们去检查他。

其实不然，我们的下属期待我们的检查。因为如果他业绩做得好，他希望得到上司的赏识；如果业绩不佳，他期待着上司能给他指点，找出业绩不佳的原因。因此，作为一个职业经理人，不要有这样的心理障碍。

我曾经和很多的企业经理谈过这个话题。我说你为什么不检查呢？他说，我去检查别人会怎么看我呢？好像不信任别人。怎么可能？你的下属是期待着你去检查的。而且，作为一个企业经理人，必须学会检查，因为这也是实施管理的一个技巧。

比如，你安排一项工作，你问，一个月可不可以做好？他说可以做好。等下属做好了，你没任何回应。下次又安排一项工作，说一周之内做好，一周之后他也忘了，三个月过去了又不了了之。

在这种情况之下，你的威信肯定会打折扣。所以，你安排的工作一定要检查，哪怕是一项次要的工作。你吩咐我去做，可是我辛辛苦苦做了一个月，最后你却忘了，你再安排工作就不灵。

IBM 的总裁郭士纳曾说过：“对你的员工你检查什么就代表了你重视什么，你不检查就代表你不重视。”可见，检查工作的重要性。真正的检查并不是粗略的询问。我看过很多人去检查，很官僚，简单问一句：工作怎么样？如实地汇报一下。

其实这是不对的，要学会用科学的方法。

第一种方法是对照法。经常在大脑里回忆一下自己画的一个 PERT

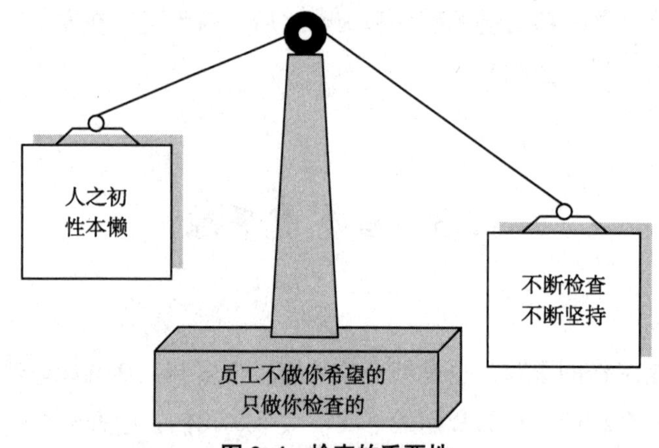

图 2–4　检查的重要性

图，第一周你要做什么，你有没有做到；第二周你要做什么，进度跟没跟上。

第二种方法是比较法。一个是进度，一个是结果，怎么核查呢？

在实际工作中，很多事情没办法用进度衡量，只能看结果。比如，我们刚成立一个销售队伍，我们也不知道销售额卖到多少是高手，卖到多少的是庸手，卖到多少是及格线。这时我们常用比较法。

比如，这个月我完成销售 11 万元，你这个月完成了 8 万元。再如，我们经常说去年同期销售额达到多少，其实，这是在时间上的比较。

到底采用什么样的方法去检查呢？比如，我有一份计划表，你有一份工作表，我们进行对比。如果我们没有表单，要进行访谈，就是随岗进行对照、比较，或者通过一些会议等办法。

方法多种多样，如何恰当地运用好这些方法才是最重要的。

2.4　调整有步骤

有一种人的确很聪明，但由于因循守旧总是贻误战机，丢掉晋级和提升的机会；还有一种人不是聪明绝顶，但他注意形势导向，能够随机应变，不断地修正自己的计划、完善自己的方案，进而取得成功。

把握世界不如把握变化、把握时机。在工作当中，难免会有超出我们计划之外的事情。因为，有一些事情是无法预料的，更不会按照我们的设想去实现。不管计划得多么完美，都可能出现偏差和遗漏，所以，我们必须学会调整。

现在的企业面临三种力量：第一种力量我们把它叫做顾客；第二种力量我们把它叫做竞争；第三种力量我们把它叫做变化。

由于这三种力量，使企业面临的压力越来越大，计划不如变化快，精心计划好的方案，可能因为情况的突变，不得不取消，这是很恼人也很繁琐的事情。所以，这个时候需要适当的调整。

商场如战场，在面对战局变化的时候，要灵活运用“敌进我退，敌退我追，敌驻我扰，敌疲我打”的战略方针。因此，我们作为企业的职业经理人，也要学会适时调整。调整就是调整人，调整事。

1. 如何调整人

作为职业经理人，调整我们的下属是非常关键的一环。

我们讲管理，很大的程度是讲如何调整人，真正的管理是用制度去管的。但是为什么还需要我们各级职业经理人？曾经有一个人问过我这样的问题，他说，制度规范化以后是不是不需要职业经理人了？因为制度非常详细、非常规范，那还需要职业经理人干什么？其实不是这样的。

职业经理人很大的一个功能是管理制度以外的突发事情。

比如，人心，看他是怎么想的。不许我们的员工这么想，你见过有这样的制度吗？

因此，职业经理人要具备调整人的能力。什么叫调整人呢？最终从哪里入手呢？就要做好三项工作：第一叫调心；第二叫调身；第三叫调气。

（1）调心就是调整心态，就是看你调整一个人对某件事情的看法。

在北京一次咨询服务中，我在第一棉纺厂接受了两个下岗职工在我管理的分厂里做工人。这两个人水平都很高，手艺也很好。我想重用并提拔这两个人为班长，但这两个人有些偷懒。在制度当中没有规定什么叫偷懒，但作为有经验的职业经理人是能看得出来的。当时，我就找两个人谈话，我说，你们第一棉纺厂是怎样倒闭的？因为大家都偷懒。

大家的心态是怎样的呢？他说，每天我工作 8 个小时，但是我要有两个小时在打麻将，那么我就赚了两个小时便宜，我们就是这样想的。我说你现在也这样想吗？他说我现在也是这样想的。因为，别人工作 8 小时领取 200 元的工资，我工作 6 小时同样领取 200 元的工资，那我为什么不偷懒呢？

我说这一点你做错了，不管你工作努力与否，都是 8 小时。最重要的，你工作不努力，会丧失很多提拔的机会。

这次谈话以后，他们对工作的态度有所改变，工作表现十分出色。

(2) 调身就是调整行为。

大家可能对 CI 非常熟悉，MI、BI 和 VI 构成了 CI。MI 是理念识别，BI 是行为识别，VI 是形象识别。我们指的这块就是调整行为，其构成了企业文化，关于企业文化建设的套路我们后面会单独阐述。

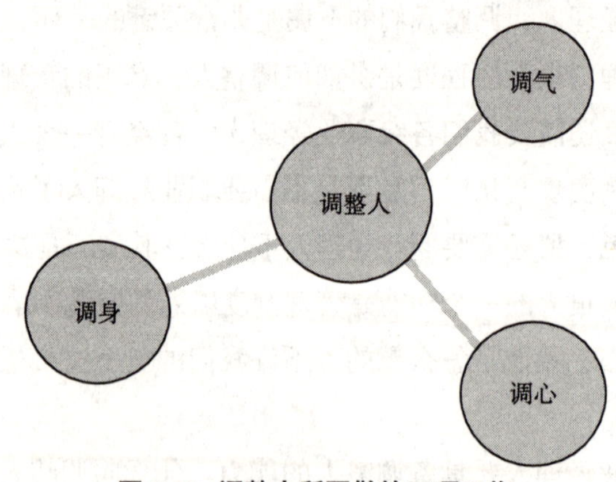

图 2–5　调整人所要做的三项工作

有一次我和同事在飞机上探讨一些关于企业的方案问题，由于中间相隔一人，非常不便。中间这人突然站起来，说：“先生，我给你俩让一个座，你俩谈话方便一些。”然后，我同事问他：“你是不是惠普的？”那人惊诧道：“你怎么知道?”“你们惠普有一个理念，叫做给别人提供方便，所以我猜你是惠普的。”同事连忙解释。BI是行为，VI是形象，是视觉识别系统。比如，我们名片上的标识，我的信封、厂容、厂貌，这些都属于VI。

在济南时，我经常去一家餐厅吃饭，叫桃园餐厅，它的生意特别好。而济南的餐饮业竞争非常激烈，开饭店的人非常多，难赚大钱。但是，这家桃园餐厅就不同。很多朋友请我去，我问他们：你们为什么去桃园呢?他们告诉我，因为桃园餐厅有一个非常大的特点，就是服务员笑得都特别真诚。

这就是调整行为，就是BI，就是要调整团队统一步调、统一行动。

(3) 调气就是调整员工的士气。

一提到微软，大家可能就想到比尔·盖茨。但大家忽略了一个人，这个人叫鲍尔默·斯蒂夫，是微软的总裁。微软的人怎样评价鲍尔默这个人呢?

微软的同事们把鲍尔默·斯蒂夫当做“微软之魂”。为什么会是这样呢？因为鲍尔默·斯蒂夫这个小老头已经60多岁，却非常有激情，他的存在使整个团队充满了很高的士气，所以大家形容鲍尔默·斯蒂夫是微软的“灵魂”。

毛主席曾说，作为领导要做两件事情：第一件事情要把握好方向；第二件事情要用好人。所以，作为职业经理人，也要做好两件事：第一件事情要掌握好团队的方向，因为你的团队经常迷路，不知道下一步怎么走；第二件事情要带动你团队的精神。合格的主管必须要学会调气，带动大家朝气蓬勃地完成好每项任务。

2. 如何调整事

调整事，实际上就是调整做事的方向和做事的方法。当某项事情的发展，没有达到我们预期的目标时，可能因为方向及方法出现错误。因此，作为职业经理人，你应在这两个方面寻找原因，要有调整人和调整事的能力。做好这一点，说明你是一个优秀的职业经理人。

我们要做好两件事：第一件事情是适才适岗；第二件事情是整体配合，即整合。

在企业中，常出现人和事不吻合的现象。比如，你挑选一个很有能力的经理去做一件很有前景的事情，但结果却很让你失望。这是没有做到适才适岗的缘故。

安排一个人到某个岗位要考虑三点：第一要考虑能力；第二要考虑他的性格；第三要考虑他的兴趣。

首先，要充分地考虑他的能力，能否胜任这项任务。其次，考虑他的性格是不是适合这项工作。比如管理一支销售的团队或一支生产的团队，需要的经理人在为人处世、处理事情的方法等各个方面都不太一样，这是为什么？这主要是由于他们的工作性质所决定的。

我们举另外一个实例，拿破仑为什么可以成名？实际上，拿破仑以前是一个小战士。据说，当年拿破仑以老弱病残之兵打败骁勇善战的马穆鲁克骑兵，大获全胜，凯旋而归。拿破仑凭借什么力量战胜敌兵？是指挥，是能力。拿破仑发挥了一个团队的整体配合，取得了一个 1 + 1 > 2 的整合效应。

其实，一些成功的企业，就是依靠每个人的力量，发挥这种整合的效应，将二流的人才架构成一个一流的团队。

▲企业广角

IBM：培养“将军”的地方

不想当元帅的士兵不是好士兵，而只有能够培养将军和元帅的军队才是好军队。IBM 就是这样一个培养“将军”和“元帅”的地方。这个企业的“人才新干线”就是为全方位打造企业领导力的后备军而设的。

IBM 后备力量的发展是从两个基本层面着手的：一个是从 IBM

中国4000多人的员工队伍中筛选出15%~20%的顶尖人才。另一个是领导梯队，通过“长板凳接班人计划”，确认每一个关键性职位的未来3~5年的接班人，并有针对性地制订培养计划。

从人才的生命周期来规划、识别、吸引到雇佣、融入、培育、激励、保留人才，不合格的则放弃。IBM人才新干线计划是一个超越执行层面的单点计划，全面地应对企业对人才的全盘需求，并实现人才发展每个环节的连贯性。

“无论你进IBM时是什么颜色，经过培训，最后都变成蓝色。”这是在IBM内部流传最广的一句话。

但是细看会发现，IBM员工的蓝色深浅不一，职位越高，蓝色越深越纯，人数越少，形成了一个规则的分层“金字塔”。这个塔层结构造成一个自然的竞争机制，工作时间越长，员工和公司都更加了解对方，最终使员工的职业生涯发展与公司的业务发展形成一个互动和优化的状态。

IBM的每个员工都要从“塔底”走向“塔顶”，其严谨的流程能把深浅不同的人配置到“调色板”最准确的位置上。

IBM“人才新干线”从人才战略的高度，通过大量的创新实践，打造出人才快速发展的体系架构，为企业持续发展输送源源不断的后备军，提高了企业核心竞争力。

第三章 职业化的聚心力

专家点悟

凝聚力，是一个企业的生命。一个没有凝聚力的企业，将是一盘散沙。

作为职业经理人，要保证工作顺利进行，必须做到让下属不仅被动地服从，而且乐于服从。在部署工作的同时应学会聚心聚力，维护权威，这就要求掌握一定的管理技巧和管理策略，做到宽严相济、恩威并施、奖罚分明。

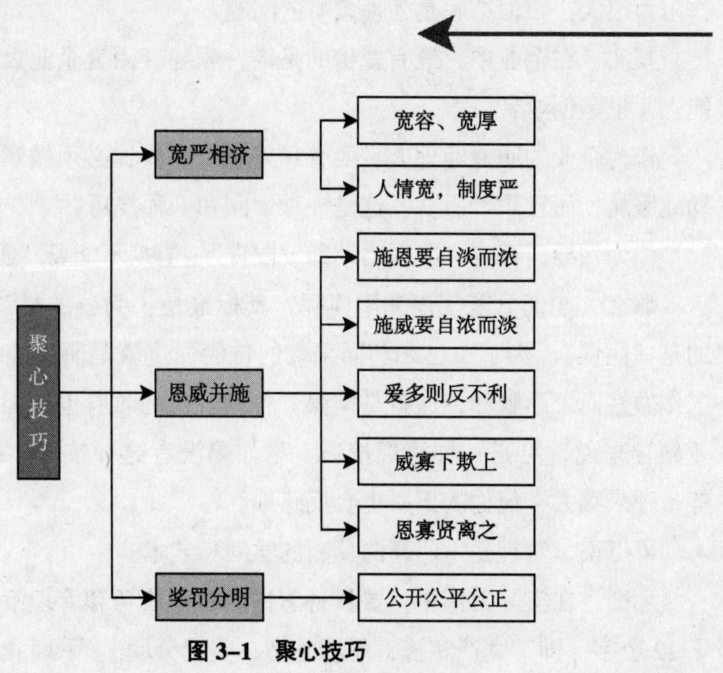

图 3–1 聚心技巧

3.1 宽严相济

管理千头万绪，职责各有所需。要保证企业整体协调有序，一个职业经理人就要当好“多面刀王”，既要管好自己，又要管好人、管好事、管好钱、管好物。

管不好自己的人就没有资格去管别人，就当不好企业的各级领导。管好自己的同时，还要管理不同层次的人，包括基层的员工、中层的骨干。

管好人的同时要管好事。既能胜任企业的供应、研发、生产、销售、品质、物流等某一方面的经营活动，又能学会核算，控制节约成本，控制原料、设备、模具、工装等物质消耗。

在实际工作中，有些职业经理人在企业当中，为什么威信不足或者工作阻力很大？归根结底是管理策略的问题。

其实，在企业中，最有威信的是谁？领导。因为企业大部分领导都是能人，也是创业者。

作为企业的职业经理人，要管理好整个企业，必须做到让下属不仅被动地服从，而且乐于服从。这是一种学问和一种技巧。

作为领导，要有一些谋略，即“阳谋”，但是不能要“阴谋”。

那么，如何分辨阴谋和阳谋呢？其标准是：为公的是“阳谋”，为私的是“阴谋”。为了一己私利而采取的伎俩，这就是阴谋。但如果为了把工作做好而绞尽脑汁，这就是阳谋。各朝各代的政府也提倡阳谋，对于企业领导来说，更是一种管理技巧。你如果没有这种技巧，即使你极有气势，呼来喝去，但你的下属也会反感你。

可以说，管理是一门高深莫测的学问和艺术。

那么，在实际工作中，要具备怎样的管理技巧和管理策略？我们总结了12个字，即“宽严相济，恩威并施，奖罚分明”。下面我们来看一个虚拟的事例。

诸葛亮召开一个重要会议，参会的有刘备和张飞。他们研究这样一个议题，就是如何让猫吃辣椒？张飞性格急，说让猫吃辣椒还不容易，把猫抓来撬开嘴，把辣椒塞进它嘴里。诸葛亮听后，摇摇头说，张将军此计虽然说出了办法，但是太过鲁莽。

这时，刘备眉头紧锁说，真的让猫吃辣椒，我有一个办法，我们把辣椒剁成碎末，然后，把它掺杂到肉末里面，猫吃肉的时候就吃到辣椒。

诸葛亮一听，说刘皇叔说得也对，但是这个方法太过仁慈。不过，我有一计，把辣椒磨成面，抹在猫的屁股上，由于辣椒的刺激作用，它就用舌头舔，最后，吃掉辣椒。

这就是策略，在工作中，有些人你越批评他，他越接受批评，而你越拥护他，他越不可一世。

所以，恩威并施，奖罚分明，是职业经理人所必备的素质。

宽严相济，什么是宽呢？宽就是宽容，就是宽厚。它是儒家思想当中的仁、义、礼、智、信，恭、宽、信、敏、惠其中的一点，宽就是宽厚和宽宏，严就是严格和严厉。

职业经理人不能太过严厉，凡事眼睛里容不得沙子，最终总会事与愿违。

我曾善意地调侃一些领导和职业经理人，我说，你们虽然身居要职，但有时你们就是垃圾筒，你有多高的位置你就是多大的垃圾筒。大家有委屈、有很多的事情要向你倒，你都要装得下。

大领导是大垃圾筒，小领导是小垃圾筒，所以你不能太严，同时，也不能很宽。你要拿出普度众生的胸怀，倾听下级的心声。

宽严相济到底要求我们什么时候宽、什么时候严呢？有两点，对人情要宽，对制度要严。

我曾经在一堂课中谈到做管理就是做人情，做管理就是做人心，做管理就是做道理。尤其在我们中国，讲人情更加显得重要。

IBM公司是一个非常人性化的公司，他们的公司像一个大家庭。他们为每一个员工设计出成长的路径，而且IBM公司很少裁人，员工流动率非常低。

中国人讲人情。我请你吃饭，你不请我，以后我肯定不和你交往，我觉得你没人情。过年我送你两瓶酒，你至少也得回敬我两个梨。

中国还有一句话，投我以木瓜，报之以琼琚，这也是因为我们中国人有“三碗面”。哪三碗面呢？第一碗面要吃的是中国人的脸面，你不能让我丢面子，大庭广众之下你不能把我得体无完肤。第二碗面要吃的就是情面，朋友来找我做事，明明满心不欢喜，但是我也驳不开这个情面。第三碗面叫场面，大家都喜欢摆排场。所以，中国人这三碗面，就是中国人的人情，我们说人情练达，首先要知道中国人吃的这三碗面。

战国时期，齐威王有一次打了胜仗，大宴群臣。酒过三巡，菜过五味，他说今天这么开心，让我两个最漂亮的妃子出来给大家舞蹈。舞蹈后，这两位妃子给每位大臣一一敬酒。恰巧这时，灯突然熄灭，有人趁机摸了一下妃子的玉手。这个妃子非常生气，慌乱中，将这个人的帽子拽掉了一根带儿。随后，她向大王哭诉，让大王严惩这人。齐威王听后，不但没有当众发怒，反而让每位大臣在点燃蜡烛之前把帽子摘掉，然后尽兴喝酒。

有一次，齐威王领兵打仗，身陷重围，突然发现有一个人拼命杀出一条血路，把齐威王救了出去。齐威王十分不解，问：平常你表现平平，这种关键的时候你为什么拼命救我呢？他说：大王，那天摸妃子手的人就是我。

齐威王为什么没有揭穿呢？这就是人性。

宽严相济，那么，严厉用在何时？我们大致可以概括为以下三个方面：第一是涉及制度层面的事情，制度规定的事情我们要严格处理；第二是涉及大局和全局的事情；第三是涉及步调的事情。

制度是主管的利剑，作为企业主管，必须要严格对待制度执行问题。

当然，对于制度上没有规定的，但事情已影响到大局，也必须要严厉。

诸葛亮非常赏识马谡的才华，当马谡失街亭后，诸葛亮为何在蜀国急缺人才的情况下挥泪斩马谡？因为马谡丧失了一个进可攻、退可守的军事要道，影响到蜀国的大局。

在影响到整体步调的时候，有几个人或者某几个人拖了我们后腿，必须要严肃处理，保持上下一心，左右同步，这样一旦有人掉队，就不会影响企业的整体绩效。

下面是一个宽严相济的案例：

美国有一家很知名的广告公司叫奥美公司。创业之初，只有几名员工。有一天，有一名老员工，喝得酩酊大醉，跟他的上司吵了起来。在奥美公司有一个非常严格的规定，和上司吵架，或者不服从上司的安排，就被除名。

当这名老员工接到解聘通知时，恼羞成怒地找到总经理，十分不满地说：“我跟你打天下过来，那个时候我们七八个人每天要工作十五六个小时，结果就因为这么一点小事情，你就要开除我。”总经理听完之后，说：“我如果要是不记恩的话，就不会让你在这里大吵大嚷，可能在你刚一说话的时候，就让我的保安把你驱逐出去。但是，很抱歉，我一定要开除你，因为这是公司的制度，如果我不开除你，我们的制度就没有办法执行。”

一个月以后，老板找到了这名老员工，说：“我给你一个新的差事，我有一个农场，你到那里去给我做管家。”

这是一个关于宽严并施的典型案例，而作为职业经理人，宽严并施不失为管理好企业的妙招。

3.2 恩威并施

劳资本来就是一对矛盾，如果在企业管理中，领导方法简单、一味施行暴政，员工不但不满，还会想出逃避的办法。

你作为企业的职业经理人，有没有软硬兼施的两手？有没有恩威并施的韬略？实践会告诉你最后的答案。

恩威并施最初源于中国的文化鼻祖孔子提出的性善论。他说人性本善，人人都有怜悯之心，人人都有羞恶之心。

另外，泰罗和法约尔这两个西方学者，他们发明了一种“X 理论”，证明必须用经济利益去衡量人性，因此人是经济人。其实与“X 理论”对应的就是我们所说的性恶论。

还有一个外国学者梅奥做了一个著名的霍桑实验。把工人分成了两组，给其中一组明亮的灯光，给另外一组非常昏暗的灯光，甚至比月光还要暗，然后考察了两个组的生产率。

一段时间后，他发现两组的生产率一致。接下来又做了第二个实验，给其中一组人高工资，另外一组人低薪水，然后发现两组最后的生产效率还是一样，这就推翻了 X 理论。

所以，梅奥说人是社会人。

他说人除了经济的追求外，还有一些荣誉的追求以及精神的追求。

人到底是性善，还是性恶呢？佛家说，善恶本是一念之间。我们都有善心，但是我们同时也都有恶心，所以，人与人之间是非常复杂的生命现象。正因为如此，我们必须恩威并施、宽严相济、奖罚分明。

什么是恩呢？恩就是一个满意因素，它让人很舒服，它是我们做事的动力。

什么是威呢？威就是解决不满意因素，让我们感觉很不舒服，这种威严是我们做事的压力。

恩和威都提到了一个满意因素，其实，满意因素和不满意因素来源于赫茨伯格的“双因素理论”。他认为，人做事首先把不满意因素去掉，然后让我们尽量地满意。这个理论有很多缺陷，后来很多学者都推翻了这个观点。

我们做事只给他动力好不好？“刮共产风”时的人民公社让大家把粮食交到生产队，把家里的生产资料交到生产队，把他们的牲畜也交到生产队，然后到生产队一起吃，需要什么我们就吃什么，坚持了多久？最长的才 3 个月。

大家一起吃，同甘很好，共苦不太好。所以个人尽量能多吃一点是一点，所以很快就破产了。

只有威好不好？秦始皇以暴虐的方式统一天下，谁要犯点小错误，就以斩首处置。最后，秦始皇焚书坑儒，导致秦朝两代走向灭亡。

在企业里有没有这种例子？当然有。

曾经有一位职业经理人找我谈话，问：谢老师，我公司的业务员每个月能拿 5000 元左右，但是，员工都不愿意出去跑业务，我该怎么办？

我问，你采取什么体制？3%的提成。我说，你只给了他做事的动力，没有给他压力。因为业务员每天坐在家里就可以领取五六千元的薪水，那他凭什么要出去跑业务？所以，我建议你取消提成，改成客户开发提成，开发一个客户得 1000 元，然后提成降低，他一个月能拿七八千元。有了这种压力，他会拼命地干，还可以拿到一两万元。这位经理很满意，最后执行了这个方案。

因此，只有动力不行，只有压力也是不可的，要恩威并施。

第一点：扬其善，挫其恶。

既然人性当中既有善性也有恶性，那么就要发扬你的善性，压制你的恶性，不要让恶性的本质发挥出来。

《康熙王朝》里有一个人叫隆科多，康熙在临终时准备传位给四阿哥胤祯，但当时大阿哥胤禔非常会笼络人心。考虑到朝廷的复杂性，康熙经深思熟虑后，决定重用隆科多辅佐胤祯登上皇位，同时他又觉得隆科多不可靠，见利忘义，但是这种人非常勇敢。康熙在去世之前安排后事时，将隆科多召至宫内，由宰相张廷玉宣布御旨，说隆科多本是微名小吏，皇上破格提拔你已经宠幸之极，但你结交皇八子、九子，如有非分之想，立斩之。接下来张廷玉宣布第二道御旨，说隆科多勇猛无比，忠诚可靠，人品贵重，所以上谕封你为九门提督，以保四阿哥登上皇位，否则，立斩之。

第二点：用其长，而避其短。

很多人就像我们经常说的一句话："给你一点阳光你就灿烂。"有没有这样的人？所以对这样的人我们通常要用其长而避其短。

第三点：令其飞，而不令其扬。

我可以让你飞起来，但是我绝对不能让你飞扬跋扈。人类是组织比较严密的一个生物群体，企业实际上更是一个组织严格的实体。

恩威并施第一个原则：施恩要自淡而浓，否则人忘其惠。我们给别人好处的时候要一点一点地给，如果突然给了他很多的好处，最后你给他好处少了，他就忘掉你以前给他的恩惠，叫作人忘其惠。

举一个最简单的例子，有人请我们吃饭，每天吃的都是海参、鲍鱼、大虾、鱼翅等，突然一天给我们萝卜、白菜吃，我们怎么想？怎么给我们吃这么差的饭菜？我们会忘记曾经吃了一个月的海参和鲍鱼。

恩威并施第二个原则：施威要自浓而淡，否则人怨其酷。很多人为什么给新来的员工下马威呢？随着时间的推移，发现上司对我很关照，逐渐地对下面的枷锁松开了。

如果刚进公司，你对他特别好，车接车送，也很随和。突然有一天严厉起来，说张三你来了一个月也不做事，怎么搞的？他觉得，原来一直对我体贴有加的主管，现在突然对我冷若冰霜，心里开始打鼓。这就是标准的管理实战学。

恩威并施第三个原则：爱多则反不利。在企业当中，对于一些人犯下的错误，你置之不理，最后会导致你很多的制度推行不下去。

恩威并施第四个原则：威寡则下欺上，恩寡则贤离之。你这个人没有威严，下属就会欺瞒你。作为领导，你不要极有气势，但是绝对要有威严，没有威严，下属就不会听从你的安排。所以，不能跟我们的下属走得很近，要保持一定的距离。

《大染坊》里有个陈寿亭，说了一句话：“君不密则失臣，臣不密则失身，几事不密则害成。”“君不密则失臣”，作为君主，如果处事不周到、不周密，你的臣子便会糊弄你。“臣不密则失身”，作为臣子，如果自己不知道操守自好，就会失身，就会被人利用。

企业里有没有这种现象？因为得到一万元的回扣，让企业损失了1000万元。

“几事不密则害成”，如果有几件事情你都没有做好，那么，对你就是很大的害处。

我和同事始终信奉一点，最好的管理在中国，未来最好的管理模式也将在中国诞生，十年以后就会验证。因为，只有中国的管理是非常系统、全面、中庸的。只有中国人才懂得恩威并施的文化，美国人不是这样。

恩寡则贤离之，以企业为例，如果你对下属考虑不够周到，那么，久而久之，真正有能力的人便会离开你。

比如，山东一家著名的企业去北京招聘员工，公司规定，北大和清华的MBA，月薪2000元。然后，媒体开始纷纷报道，耻笑某某公司不爱惜人才。

如果你太过严厉，下属对你就会敬而远之，这样，你就很难了解一线的情况。所以，做领导的不能只考虑让大家怕你，威严的树立绝对不是靠整天绷起的面孔。

还有一些人，表面看来特别有威严，但是他还笑容可掬。所以，作为领导，既有虎气也要有猴气，虎气就是威严，猴气就是善变。

3.3 奖罚分明

很多企业奖罚制度铺天盖地，有自产的、也有引进的，但实施后，并没有达到好的效果。作为职业经理人，要有一个奖罚分明的策略和公平的尺度。

我在山东济宁指导一家企业时，这家企业刚开始迅速发展，在短短的3年时间里，销售额由1000多万元上升到3.2亿元。公司的快速发展和大家的努力是分不开的。但是后来，这家公司开始弥漫起一种不和谐的气氛，大家互相埋怨、相互算计。

通过咨询诊断，我发现这家公司最大的一个原因是，奖罚制度不合理。我翻看了这家公司的制度表，发现有105条罚则，但是，没有一条是奖励的原则。

因此，作为企业的高层管理人员，一定要制定一个健全的奖罚制度。这个制度必须满足以下三个原则：

第一个原则：公开。对于关系到奖罚的每件事情，必须做到公开。

第二个原则：公平。韩非子曾提出“刑不避大夫，赏善不遗匹夫”。因此，只要员工违反企业的规章制度，不分级别，都应同等处罚。

第三个原则：公正。处罚时，要以客观事实为根据，这一点对于众多主管有很大的借鉴意义。

如果能做到“恩威并施、宽严相济、奖罚分明”这12个字，我们不必看一些管理技巧的书。因为我们管理的是人，而不是像西方的管理学当中把人看成物质，所以我们叫人力资源。我们中国是重人不重物质，西方是重物质不重人。

所以，我还崇尚一个观点：如果能把人管好，事情的办理自然就顺利了，可谓“人心齐，泰山移”。

有这样一个故事：

有一个父亲在家里正忙于干活，他的小儿子特别喜欢捣乱。于是父亲看到前面有一张地图，就把它扯成几片，然后让孩子拼凑完整。小孩接过任务没多久，就将完整的地图摆在父亲的面前。父亲非常吃惊，问他怎么拼起来的。这个小孩说：“爸爸，你不知道在地图的背面有一张人脸，我没有对你的地图，我在对人脸，把人脸对起来地图就对了起来。”他父亲突然明白了一个道理：你拥有了人就拥有了世界，你如果把人做对了，事也就做对了。

同样，企业的管理要以人为本。

第四章　职业化的沟通力

专家点悟

沟通是一门精深的艺术，有了真诚与爱心，宽容与耐心，架设在上下级心灵之间的桥梁就会畅通无阻。

沟通需要从营造和谐的环境出发，做到上级有支持、同级有配合、下级不拆台；要向上级定时汇报、适时汇报、系统汇报、诚实汇报；在主持工作时还应召开会前会、会中会、会后会；同级之间要各安其位、换位思考、人际融通；对待下属要做到“信、公、严”，保证沟通没有障碍，下属与上级的交流推心置腹。

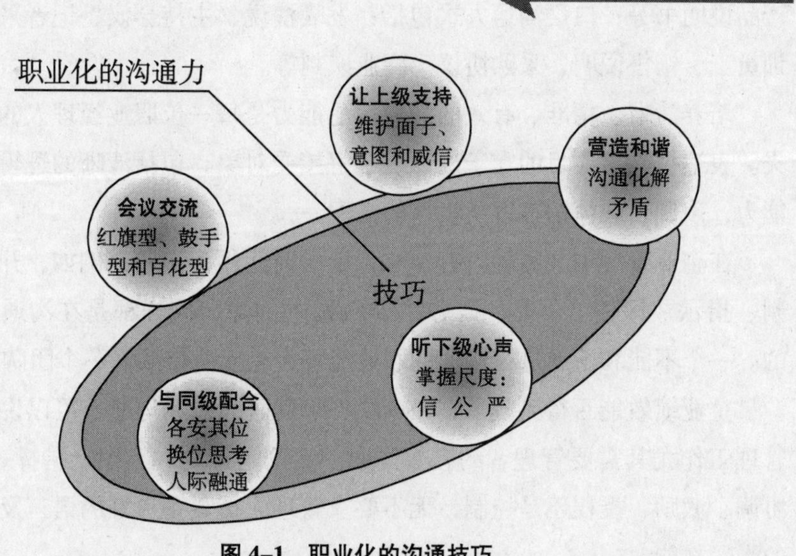

图 4-1　职业化的沟通技巧

4.1 沟通营造和谐

人类文明的进程与沟通有关，企业的和谐同样也与沟通有关。孔子授徒三千，建立儒家思想；马可·波罗将中国文化传播到欧洲；玄奘到天竺取经，引进了佛教，这是早期人类传递思想和文化的方式。

有了印刷术之后，大量印制的图书进一步扩大传播速度与影响力。近代电话、广播、电视、传真乃至互联网的发明，让信息的交流达到全球化、即时性的地步。因此，信息传播的质量与速度决定了文明进步的程度。

企业内部也是如此，擅长沟通的组织进步速度就比较快，防范问题的能力也比较高，文化的统一性和团队的和谐性也比较强。

第一，要培养清晰、精准、有效的沟通表达能力。

沟通分为书面沟通和口语沟通两种方式。书面沟通方式包括：营运计划书、备忘录、工作记录、调查报告、往来公文、广告文案、电子邮件、产品说明书等；口语沟通方式包括：发表演说、主持会议、记者采访、培训员工、销售说明、采购协议、商业谈判等。

培养清晰、精准、有效的沟通表达能力是每一位职业经理人的必备功夫。表达技能主要目的在于确认、了解接受对象，包括清晰的逻辑、修辞能力，声调、肢体语言以及表情的搭配。

在企业管理中，经理人有50%以上的时间用于沟通，例如，开会、谈判、指示、评估。但是，工作中50%以上的障碍同样都是在沟通中产生的。一个不能和下属进行沟通的职业经理人是无法带领好一个团队的。

企业绩效能否得到提升，75%取决于良好的人际沟通。可以说，企业管理工作尤其需要管理者的有效沟通，无论是计划、组织、指挥、决策、协调、激励、授权还是控制，无不要求管理人员具备良好的语言及非语言的沟通技能。

企业管理的最高境界是和谐，协调就能实现这种和谐美。职业经理人要与董事会、党、团、工会等协调，要与其他领导成员协调，要与下级协调，还要与企业外部的有关单位、人员搞好关系。如果没有多方面的协调，企业的工作就难以开展下去。

据美国一家调研机构显示，在他们所调查的300名企业成功人士中，有85%的成功人士认为，善于沟通、善于推广自己理念的人，更容易得到外界的帮助。只有15%的人将成功归功于自己的专业知识和技巧。这项调查表明，越善于沟通的人，工作绩效提升的几率越大。

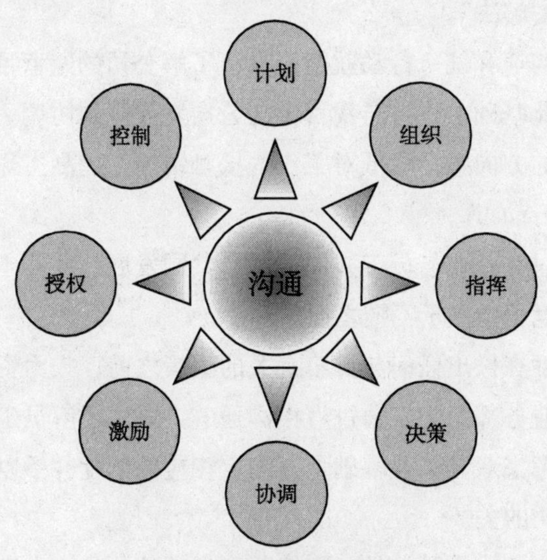

图 4–2 需要沟通的领域

松下幸之助曾说过：“企业管理过去是沟通，现在是沟通，未来还是沟通。”企业需要沟通才能存活和发展，同样的道理，员工也需要沟通，这样才能有行动力，才能把工作做好。

如果你采取生硬的命令式管理方式，这样所得到的结果往往适得其反。而沟通、引导的方式常常可以顺利实现目标，使员工乐于发挥自己的行动力。

施乐公司的总裁，为了使公司获得美国质量体系最高的麦尔肯质量奖，每个星期都要举行一场对内的专题演讲，花大量的时间、精力把企业的使命、愿景通过他的沟通，让所有的中高级主管都能理解并行动起来。

第二，充分沟通，化解矛盾，统一行动。

本土的招数可以借鉴，杨元庆先生将自己的成功总结为沟通四步骤，被称之为“联想沟通四步骤”：一是“找到责任岗位直接去沟通”，即直接找到解决问题涉及的关键岗位协调解决；二是“找该岗位的直接上级沟通”，即可以要求关键岗位的上级予以帮助；三是“报告自己上级去帮助沟通”，即可以要求自己的上级去找那个关键岗位进行沟通；四是“找到双方共同上级去解决”。

通过充分沟通和统一行动就能让自己了解公司的经营目标以及公司的经营状况。在此基础上，将自我目标与公司发展规划协调一致，在以后的工作中有明确的方向感，降低对工作的抵触情绪，提高工作的主动性，从而提升自己的行动力。

百度深知只有企业与员工共同成长、共同发展，才能走得长远，才能在激烈的市场竞争中立于不败之地。

因此，百度在做出任何与员工有关的决策之前，人力资源管理部门的人都会深入到业务部门中，通过直接沟通的方式，了解员工的真实想法和需求，在综合考虑双方利益基础上，制定相应的制度并予以实施，让员工切身感受到公司的关怀。

百度的沟通方式是开放的、直接的和有效的。员工在完成任务的过程中，遇到任何问题或有什么新想法，都可以与身边的同事、部门领导甚至公司总裁进行讨论和交流。这正是百度著名的“CC（抄送）文化”，即公司的每个员工都可以将其观点与他的上司或是组员直接进行沟通，员工也可以把自己的观点发送到电子信箱中，甚至还可以组织讨论会，参会人可以包括公司高层以及同部门或不同部门的任何相关人员。

在日常工作中，领导与员工、员工与员工之间的沟通必不可少。沟通不是形式，需要掌握技巧，只有这样，才能达到沟通的目的。

4.2 求得上级支持

沟通最主要的是向上级请示、汇报，这是职业经理人工作中非常重要的一环。因为，我们取得了上级的支持，就有了执行和开展工作的一把“利剑”。

在《西游记》中，为什么唐僧能做领导？因为唐僧有上级无限支持的资源。当唐僧遇到困难时，观音菩萨、普贤菩萨、文殊菩萨、如来等都支持他。最大的支持就是观音菩萨送给他的紧箍咒，用于控制孙悟空。

这些都是上级给他的支持，所以说能够获得上级支持的职业经理人是聪明的。

愚者错失机会，智者善抓机会，成功者创造机会，机会只给准备好的人。怎样才能求得上级的支持呢？

1. 要维护上级的面子

上级的面子有时就是企业的面子，不论是内部运作还是外部运作，在企业管理中，对待上级的指令必须绝对服从，对待上级的做法必须给予支持。所以，一定要维护好他的面子，必须从战略的高度考虑问题，支持领导的正确决策，积极维护领导的权威。

2. 要维护好上级的意图

聪明的职业经理人应当时刻按照上级的意图行动，必须不折不扣地传达上级的意愿，并且在行动的过程中，要贯彻如一，不能按照自己的意愿自作主张。否则，即便你将事情做对了，他也不买你的账。

3. 要维护好上级的威信

这包括两个方面：一要维护好上级的威严，不能在领导背后指指点点，议论纷纷，这会让他的威信扫地；二要维护好他的信任度，最愚蠢的员工就是背后和同事议论他的领导。

4. 正确的请示和汇报

俗话说“多请示，多汇报，出的问题党知道”。其实不然，我们需要的是正确的汇报和请示。

汇报对于你的工作非常重要，你找领导叫汇报，领导找你则叫检查，这两个性质是不同的。所以，你必须做到正确的汇报，不要多汇报，也不要少汇报。

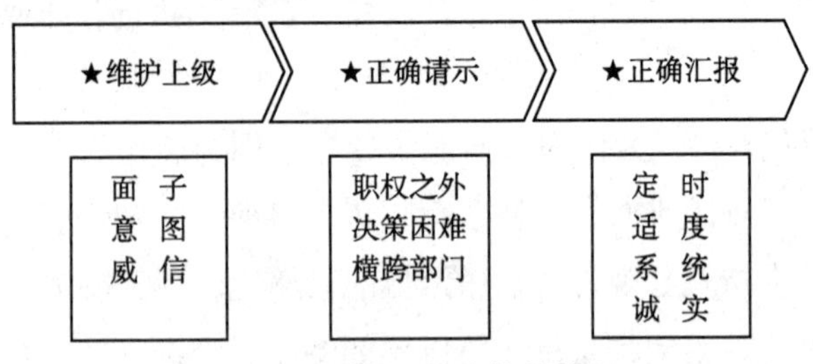

图 4–3 求得上级支持的技巧

同样，工作中需要请示，但不是多请示，也不是少请示，而是要正确的请示。

(1) 在这种情况下你不应该请示：第一，在你职责范围之内的不要请示。上级将任务交给你，是信任你的表现。如果你为了讨好上级而经常请示，这样反而会让上级反感你，会认为你没能力，下次不会将任务交给你。第二，你已经认为是对的事情或已经确凿的事情不要再请示。第三，在你权力范围之内的事情不要请示。

(2) 在这种情况下你应该请示：第一，在你职权范围之外的事情你必须请示。第二，在你决策有困难的时候你要请示。什么叫决策困难？就是你不知道如何处理好某件事情的时候。这时候的请示有两个好处：首先你的上级会帮你解决问题；其次如果你办错了，有人会帮你分担一部分责任。第三，横跨其他部门的事情你必须请示，让你的上级来协调。如果你擅自做主，将很难平衡平级的人。

怎样才能做到正确的汇报呢？

第一，要定时汇报。有些工作需定期汇报，比如，一个月一汇报，一周一汇报。你要分析好汇报的时机，不要等有困难时再汇报，更不要凭心情好坏去汇报。

定时汇报很重要，它会让上级觉得你就是风筝，他就是线，你是在他的牵引下踏实工作的。倘若你像封疆大吏，三年没有汇报情况，上级就无法了解公司的发展状况。这样，你就无法得到上级的信任与赏识。所谓君疑臣则臣必死，治国、治家、治企业都是一个道理。

所以，要做到定时汇报，这是一个聪明的职业经理人的责任，也是做下属的责任。

第二，要适度地汇报，不要无限度地汇报。什么是适度？适度就是适量、适时。我经常发现企业当中存在以下三种情况：

一是把汇报当作报告的机会。好不容易接近领导，就报告谁说领导什么坏话，谁和谁搞了一件什么事情。领导听了很愤怒，也很好奇。因为领导很关心别人对自己的评价。包括我们各级领导，下属如何评价我们，你真的知道吗？所以，领导都喜欢听别人打小报告，但绝对不喜欢打小报告的人。所以，聪明的人，不会把汇报当作打小报告或整人的机会。

二是把汇报当作讨好上司的法宝。这件事情本来他能做也来请示，问领导这样做行不行？你看我做到这种程度下一步该做什么？聪明的你不要使用这种小伎俩。因为，久而久之，领导会识破你这一套，这样做，不但得不到领导的赏识，反而让他生厌。

三是借汇报邀功请赏。分内的事情汇报是应该的，你做不好是不应该的。比如，我有一个朋友在哈尔滨某大型企业做总经理，他跟我讲了一个关于他的故事。有一天，一个采购部经理去找他，说：“刘总，我采购了一批豆粕，你猜我省了多少钱？”我朋友说：“你省了多少钱？”“2 万元。”“哦，我知道了。”我朋友见他一直站着不动，就说：“你干吗，还不去工作。”“我是想看看你对我的态度。”“我的态度一句话，这是你应该做的。”

所以，在汇报工作时，最忌讳邀功请赏。

第三，要系统地汇报。汇报也有一个套路。汇报时，可以说明这段时间内，你做了什么，做得怎么样。如果你能做到这样系统地汇报，那么，即使你的工作不是很完美，上级也不会对你横加指责。

第四，要学会诚实汇报。在向上级汇报时，应做到诚实，不弄虚作假。因为诚实是一种策略，不诚实带来损失的不仅是你，还有公司。

改革开放之初，山东一家国企领导派亲属前往广州发送水泥。结果这个亲属因不熟悉业务，被人欺骗，还谎称水泥被暴雨淋湿，给公司造成300多万元的经济损失。

诚实更是一种智慧，因为在企业当中基本上是没有秘密的。

比如，我指导的一家公司今天发生的事情，明天早上老板马上知道。久而久之，我感到非常惊奇，我问一个副总："刘总为什么大事小情尤其是工作之外的事情他都知道呢?"他笑着说："谢老师你不知道，他在公司最少有三四十名眼线做卧底。"

诚实也是一种机会，站得越高，看得越远。作为企业的上层领导可以俯瞰企业的方方面面。所以，诚实有时也会给你带来成功的机会。因为诚实的人也必定是一个可靠的人，很容易被上级重视。而那些油头粉面、油嘴滑舌的人反而会与成功背道而驰。

4.3 搞好同级配合

跨国公司为何讲伙伴战略，就是为了资源共享、互惠互利。企业中同级更需要伙伴。众人拾柴火焰高，要做好工作，还必须得到你同级的配合。

1. 学会各安其位

职场中，最忌讳跨越职能，急于表现，抢占别人的功劳。

职业足球队和业余球队最大的区别在哪里？业余球队共有22个球员，其中20个球员追球。与业余球队相比，职业球队更具规范性，后卫、前锋、中锋，每个职位各有分工。如果没有分工，就没有秩序；没有秩序，就容易造成混乱。踢球如此，企业管理也是如此。

各安其位有三点：第一，不越权办事；第二，不越位干涉；第三，不越级指挥。作为企业主管，你要清楚下面还有中层主管和基层员工，你直接指挥就是越位。

2. 学会换位思考

换位思考是消除隔阂、转化矛盾的溶解剂。学会换位思考是一种修炼，更是一种境界。要达到这种修炼和境界，需要学会站在别人的立场从以下三方面去思考：一是将心比心。我们经常谈到人性，什么是人性？将心比心就是人性。二是理解对方的难处，设身处地地想想对方的环境、处境、利益以及他这样做的原因。三是调换立场，站在对方的立场上，设想你是对方，你会怎样做。

在企业管理中，换位思考是一种先进的管理理念和增进团结的阶梯。对于企业来说，领导与员工之间需要换位思考。作为领导，在做决策之前如果能够多为员工利益着想就能起到积极的作用。作为员工，也应站在领导的角度，考虑企业的利益，这样就能相互理解。

同事间多一些换位思考，岗位上就可以架起相互理解的桥梁，就可消除“不和谐的音符”，使团队更具有凝聚力。

可见，换位思考不仅可以缩短领导与员工、员工与员工之间的距离，还可以拉近彼此的感情，达到相互理解的目的，形成一个共同的愿景。

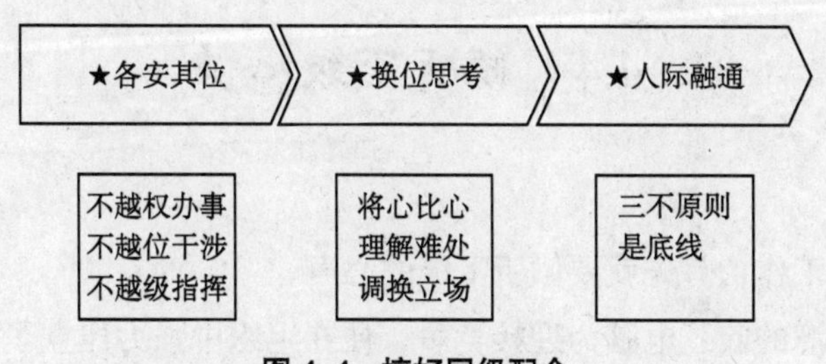

图 4–4　搞好同级配合

3. 学会人际融通

职场中的人际融通从来没有像今天这样成为现代职业人士成功的必然

条件。

现在，很多职场人士都抽出空余时间争分夺秒地学习人际关系的理论，为什么？因为大家发现，人际关系是管理中非常重要的内容。

我们常说，企业管理的难度系数不仅仅在于销售额。比如，企业一年20亿元的销售额可能由两个人完成，你说这需要花大力气去管理吗？不需要。企业管理的难度系数与公司的人数成正比，人数越多，管理越困难。为什么呢？因为人是极其复杂的动物，难以揣摩其真实的心理。

搞好人际融通，就要把人际关系纳入到企业管理的范畴。如果一个企业中人际关系特别好，企业的效率却反而低下；如果一个企业的人际关系很糟糕，企业效率也同样低下，这是为什么呢？

在企业人际关系走中间路线，不能太好，也不能太坏。公司上下相处得像兄弟，而兄弟之间要讲义气，能讲管理吗？不能！如果大家相处不融洽，许多工作则无法进行。所以，中间路线最适合我们中国人，老祖宗讲中庸之道，最好的办法是“三不原则做底线”：

一是上级不发无名之火；
二是同级不去隔岸观火；
三是下级不让领导发火。

4.4 倾听下级心声

要做好工作，首先就要倾听下级的心声。

中国台湾的宏碁电脑为迎接竞争，便在组织中强力建立了这种不留一手的文化。评定职业经理人的能力，不单单是看他个人的工作成效，还要看他是否会培养和提高部属的能力。

培育部属的能力模型包括评鉴培训需求、制定培训目标、编写培训教材、选用教学方法、应用教学工具以及评鉴培训成果的能力。工具上则有调查法、目标树、心理图像法、教学技法、教学器材、破冰技巧等。

总结企业组织流程运行不畅的原因，其中很重要的一点就是企业的各级主管经理与下属关系紧张，耽误了决策的执行。

因此，作为职业经理人必须处理好与下属的关系，为此要掌握三个尺度：

第一个尺度叫“信”。

一要有诚信。轻言必寡信，所以少说为妙，少承诺为佳。一旦给对方承诺，就应予以兑现。

二要有威信。什么叫作威信呢？威信是指领导者在下属心目中的威望和信誉，是使下属对领导者信任和服从的一种精神感召力。

威信可以概括为三句话：对外有好名声；对内讲究亲和力；关键时刻露一手。

战国时期，秦国商鞅在国王的支持下准备变法革新，为了获得平民百姓的支持，商鞅在首都南门竖立一根三丈长的木杆，贴出告示：“将木杆移置北门者，给予黄金三百两。”老百姓不知其中缘由底细，没有人敢去，一天后，商鞅增加赏额至一千两黄金。这时，一个胆大的人决心去搬这根木头。他费了半天工夫，累得满头大汗，终于将木杆移到了北门。商鞅当即指示，给他一千两黄金。这个消息很快传遍了秦国城乡，老百姓都认为商鞅言而有信，说出来的话必定能够实行。这样，商鞅即将推出的改革就有了良好的社会舆论基础。

在实际工作中，有的领导言而无信，对下属、同事许下的承诺不予兑现，试问，这样的领导谈何威信？“急与之期而观其信”，守信的人自然会得到大多数人的拥戴，反之，就会受到诋毁和抨击。

第二个尺度叫“公”。

一要公平，一视同仁，不偏袒任何一方；二要公正；三要公心，做事

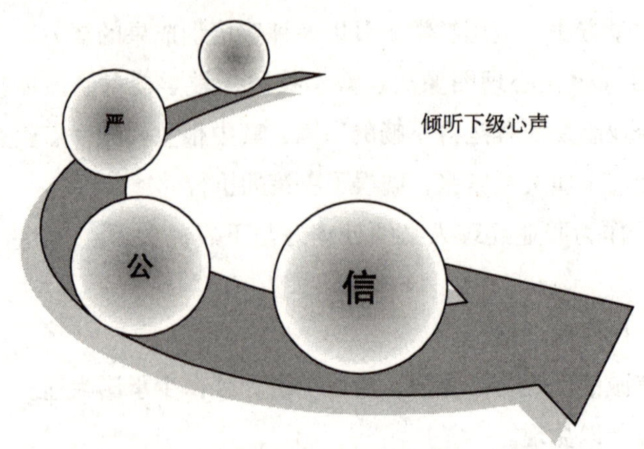

图 4-5　倾听下级心声要掌握的三个尺度

要出自一颗诚心，大家就会信服你。

我在蓬莱指导的一个企业开展竞聘上岗，其中有一个女员工在企业是一个财务部经理。她人缘不好，几乎将公司里的人都得罪遍了。在开展竞聘上岗时，她说："谢老师，我不竞聘上岗了，肯定选不上。"我说："你是这个公司的财务主力，相信大家会给你公正的一票。"结果怎么样？在竞聘上岗时，她得了最高分。为什么？她虽然把公司所有的人都得罪了，但是得到认可是因为她出自一颗公心。

第三个尺度叫"严"。

一要严格，就是对待工作要认真，对待下属要严格。二要严谨，指的是待人接物要严谨。三要严密，就是在工作的计划中，思维要严密。

只有做好"信、公、严"这三点，你和下级的沟通就没有障碍，这样才能受到下级的尊重与拥护。

你真的肯于倾听下属的心声吗？是不是也习惯性地用自己的权威打断手下的发言？

我们经常犯这样的错误：在下属还没有来得及讲完自己的事情前，就按照我们的经验大加评论和指挥。打断下属的发言，这一方面容易做出片面的决策；另一方面使员工产生不被尊重的错觉，容易产生挫败感。久而久之，下属将对你失去信任。所以，只有与下属保持良好的沟通，你才能将工作做得“如鱼得水”。

在柯达公司，每一个新员工都有一本关于职工建议制度及其奖励办法的小册子，这本小册子能很快使职工熟悉建议制度的内容。每周的职工周报开辟有专栏对建议被采纳的情况进行报道。该公司根据长期的经验，制订了一套标准，用以确定所采纳建议的价值及建议人应得到的奖金数额。发奖金的办法是由负责建议工作的秘书将奖金支票分发给各单位主管，单位主管要把奖金支票授给得奖人。

柯达的建议制度现在已经被美国和其他一些国家的企业广为采用，同时也成为企业管理学和组织行为学研究的对象。

在国内外的不少企业中，强化职工参与提供合理化建议大多只是流于形式，得不到真正的贯彻与实施。

所以，企业要想发挥每一个员工的特长与潜力，实现管理中的民主化，应该像柯达一样，将好的制度建议真正落到实处。这样，不仅能减少企业经营管理方面的失误，而且还能调动职工的积极性。

4.5 利用会议交流

良好的会议管理和沟通技巧，是上下级沟通的一条主要渠道，可以帮助你走出管理困境。

有时，大家常抱怨中国企业的会议太多，这绝对是对中国企业的一种误解。

据美国和中国企业联合会的一家调查机构的调查显示，中国企业的会议只占美国企业会议的1/2，占日本企业会议的1/3。但是大家为什么很抵触和反感会议呢？因为感觉没用，总是议而不决，决而不行。所以，对会议有两个批评：第一个叫“大尾巴会”，绵延无期。第二个叫“一人谈”。我在宁波指导的一家公司的领导就喜欢开“大尾巴会”，从下午4点一直开到深夜 10 点，滔滔不绝。而其他开会成员则吃面包、聊天、打毛衣以及睡觉，各行其是。

为避免以上情况发生，作为职业经理人，首先要学会开会。因为，会议是一个可以集中解决、讨论问题，集中发布命令、统一思想的手段，是组织中互相沟通信息、交换意见以及形成决策的重要活动。

会议的类型不同，其目的、对象也不同，场地布置方式和主持方式也有不同。比如，有沟通意见、交流信息的讨论型会议，有传达信息、发布信息的传达型会议，有产生共识以及激励为主的共识型会议。

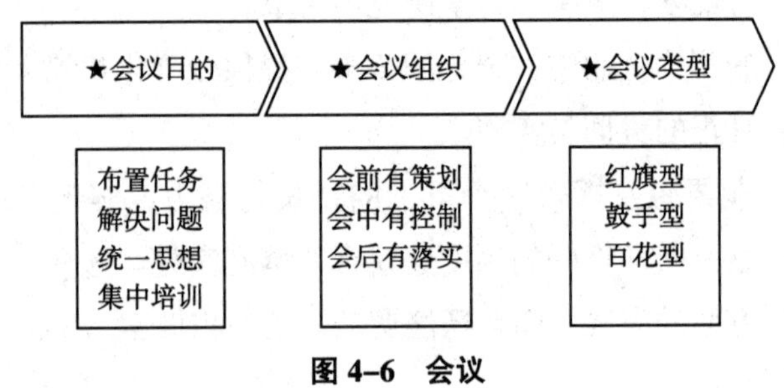

图 4–6　会议

那么，如何分辨会议的类型、做好会前的准备工作？怎样处理会议的其他相关事项？

（1）掌握会议的三种类型：

①红旗型。由领导主持，大家参与，一般用于命令和决议表达的会议。

②鼓手型。企业要统一步调、统一思想，大家对某个问题分歧很大，必须要统一到高层的思想当中来。一般用于针对统一思想和统一步调的会议。

③百花型。会议成员畅所欲言、各抒己见。一般用于讨论和解决问题的会议。

（2）学会开会的三个步骤：

即会前有计划，会中有控制，会后进行追踪、落实。我们又把它叫做会前会、会中会、会后会。

首先，会前要明确我们的目的、议题及日程是什么。其次，会中要学会掌握会议时间，做好会议笔记。最后，会议结束后，对在会议中解决的问题要积极落实。计划是否周密，会中的控制是否得当，该谁发言，该谁讨论，该讨论什么，怎样进行控制，最后如何追踪都决定了会议的成功与否。

为了节省会议时间，应采取的措施和有效办法是：

（1）会前做好准备，不开无目的、无意义或议题不明确的“糊涂会”。

（2）联系实际，解决问题，不开传声筒式的“本本会”。

（3）权衡轻重缓急，抓住重点，不开“扯皮会”。

（4）发挥民主，集思广益，不开家长式的“包办会”。

（5）讲究实效，不开一“报告”、二“补充”、三“强调”、四“表态”、五“总结”式的“八股会”。

（6）不开七时开会、八时到、九时领导做报告的“迟到会”。

（7）不开与议题无关人员的“陪坐会”。

（8）不开名为开会、实为游山玩水的“旅游会”。

总之，我们要精简会议时间，提高会议效率，尽量做到有准备地开，无重复地开，有目的地开。

▲他山之石

英特尔的沟通体系

英特尔公司非常重视内部沟通体系的建设。在公司总部，专门设有一个“全球员工沟通部”，促进沟通体系与团队发展。

沟通渠道

英特尔公司在内部推崇并采取开放式的沟通模式，公司内部的沟通是双向的，既有自上而下的沟通，也有自下而上的沟通。

网上直播，网上聊天

英特尔公司为电脑制造了“奔腾的心”，推动世界进入网络信息时代，自身也成为网络科技的受惠者。公司的高层管理人员经常通过内部网络，向全球员工介绍公司最新的业务发展以及某个专业问题的情况。

公司的管理层还通过网上聊天和员工进行互动的沟通，现场回答员工提出的各种问题。

季度业务报告会

季度业务报告会是英特尔公司进行员工沟通的重要方式，这是一种一对多或多对多的沟通，是一种面对面的沟通。

在季度业务报告会上，不单是公司向员工通报公司最新的业务发展情况，还现场对员工所提出的问题进行解答。

员工问答

在英特尔季度业务报告会之前，为了了解员工所关注的问题与所顾虑的事情，各部门内部采用员工问答的方法，预先了解员工的心声。这也成为英特尔公司内部一种有效的沟通渠道。

员工简报

在英特尔公司每个星期都会定期出版一期员工快报，让员工自由取阅，把公司及工厂里发生的最新和最重要事情、消息通过简报的形式告知员工。

一对一面谈

一对一的面谈是自下而上的沟通中比较常用的重要方式，通常通过员工会议的形式进行。主要包括：由员工制订会议的议程、员工对自己职业发展的看法、对经理人员作相关评价等。

定期的部门会议

英特尔公司中各业务与职能部门定期召开会议。经理人会定期和所有的下属进行及时沟通，听取员工的建议与想法，传达公司的政策与各项业务决策。

全球员工关系调查

在英特尔企业每年都进行一年一度的全球员工关系调查。英特尔公司总部会派人到全球各个国家与地区的分公司，对员工关系与沟通情况进行调查。

门户开放式的沟通

同许多全球著名的500强公司一样，英特尔采取门户开放式的沟通。有时，员工的顾虑与意见不愿直接与其上司面谈。公司的人力资源部为此专门设有一名员工关系顾问负责与员工进行面谈。

员工关系顾问对所了解的信息进行独立的调查，然后将所调查的结果送交给公司有关部门。

无论是自上而下的沟通，还是自下而上的沟通，英特尔公司都希望能够构建起一个完整的员工沟通的环，通过这些管道，公司可以获得员工的反馈及建议，并采取相应的措施，给员工满意的答复。

第五章　职业化的洞察力

专家点悟

洞察力是人们对个人认知、情感、行为的动机与相互关系的透彻分析。

高级职业经理需要有洞察力，要学会识别人和协调人，及时地处理冲突、减少压力、降低内耗，去腐存清。冲突是造成企业经营不善的大黑洞，看不见、摸不着，再加上企业的内耗，会让领导者捉襟见肘。要化解企业的各种内耗，需进行制度的整合和团队的整合。

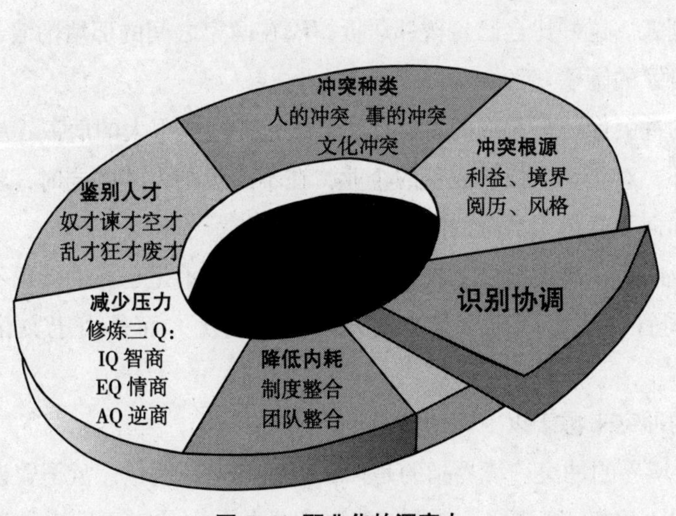

图 5-1　职业化的洞察力

5.1 挖掘冲突根源

无论什么样的社会背景，工作和生活中的冲突是不可避免的。

世界就是一个矛盾的共同体，时时刻刻都充满了矛盾和冲突，没有世界大战，就有局部战争；没有利益之争，就有权力之斗；没有明火执仗，就有背信弃义，企业也不例外。

对于企业而言，这种冲突非常可怕，它会造成企业经营的一个很大的黑洞，看不见、摸不着。冲突分为人的冲突、事的冲突和文化的冲突三类。

1. 人的冲突

人的冲突是最常见、最隐蔽的矛盾。虽然表面亲如兄弟，但背地里可能是过河拆桥。

在工作和生活中，人与人的冲突之所以越来越深，并具有隐秘性，最主要的原因是，每个人都希望得到别人的理解，自己却从不站在别人立场去理解别人。这好比自己希望邻居拆掉隔在两家之间的那堵围墙，却不断地加高自家的围墙。

人的冲突像一只无形的手，往往会给企业造成很大的危害。

此外，对于一个快速成长的企业，在不断吸纳人才的同时，将会面临新人员如何和老员工磨合的问题。

企业之所以出现新员工流动性大的现象，并不是公司的待遇不好，也不是公司管理不善，更不是公司发展前景堪忧，而是由于文化方面的冲突。

人的冲突来源于以下四个方面：

（1）境界的冲突。境界指的是什么呢？首先是地位，孟子曾说过“贱极者反贵，贵极者反贱”。其中，“贱”、“贵”分别代表不同人的地位。穷人最恨的人是谁？就是富人。资本主义国家贫富分化导致了社会矛盾，因此，资本家想方设法地改善工人生活，提高工人福利待遇，缓和阶级矛盾。

其次是思维方式。每一个人既是积极的思维者，又是身体力行的实践者。由于每个人的思维方式不同，造就了他们与众不同的生活。明明这样做是为了你好，但是你却误解为对你是一种伤害。所以，人和人之间思维方式的不同，是产生分歧和冲突的根源。

在浙江，我参加过一个企业家的聚会，大家谈到，职场人士最需要的是什么？有人说是领导能力，有人说是组织能力，有人说是交际能力，突然有一个人说是思维模式。我眼睛一亮，因为，我们所有的能力都来源于我们的思维。思维不同，其所达到的行动效果也不一样。

（2）利益的冲突。就是我们常常所说的，为了争夺一些稀缺的资源，如名利、地位、控制权，或者由于争夺面子、赢得荣誉而引发的。

（3）阅历冲突。阅历和经历不一样，对事情的分析和判断也会有一定差异。随着中国“老龄社会”的出现，“代沟”会越来越深。在企业内部，年龄、阅历的差别影响着员工之间的配合，但只要根本利益和大方向一致，都会采取求同存异的做法。

（4）个性冲突。在企业的管理当中，我们经常会发现，在某些时间或某些环境中，角色与个性产生强烈的冲突。

企业管理很大一部分就是在分析人性和人情。在以上谈到的各种冲突中，较为常见的是境界冲突与个性冲突。比如，领导意识到的问题我们没有注意，再比如，有些领导急性子，而我们下属是慢性子，等等。

2. 事的冲突

事的冲突来源于以下三个方面：

（1）由于一些道德的事件引发的冲突。比如，你在某项艰巨的任务中，耗费了大量时间及精力，却被别人抢占功劳。还有就是由于一些道德因素引发的突发事件，这是不可控的冲突。

（2）事和事的冲突。主要由两方面原因造成：一是计划不周，二是情况突变。对待这种冲突有三种态度：一是积极的态度，二是中立的态度，三是消极的态度。积极的态度是什么呢？分析原因，寻求一致。中立态度是什么？淡然处之，静观其变。消极的态度是什么？坚持观点，不惜对抗。

3. 文化的冲突

文化的冲突主要来源于人们观念的冲突。在企业当中我们常说，天冷冷在风里，人穷穷在志里，企业苦苦在观念里。天气本来就很冷，再刮上很强的风我们会感觉更加寒冷。人要没有志气、没有志向就会安于现状、守于恩赐。企业为什么苦啊？企业没有一个很好的观念作为指导，即使挣钱了也没有大的发展。

职业经理人需要弘扬和修炼哪些观念呢？

（1）要树立一个人生观。人生观就是分清是非、得失、优劣。首先要有是非观，认清哪些是正确的，哪些是不正确的，支持什么，反对什么。优劣观是指区分什么事情是好事情，什么事情是坏事情，哪些人是好人，哪些人是坏人。现在社会有人认为坑蒙拐骗就是好，就是能人，这是错误的。哪朝、哪代、哪个国家也没有认为坑蒙拐骗是正确的，正所谓“君子爱财取之有道”。但是社会中就有这种思想，英雄不问出处，金钱不问来处，这是错误的。其次是得失观。即正确地判断什么得到了，什么失去了。一位大师曾说过一句话：人生的幸福不在于你拥有的多。欲壑难填，永远不满，一味苛求，有时欲速则不达甚至招致祸端。所以老子说了一句话：夫不为之争，天下莫我能争。就是说我如果不和别人争，那么谁也争不过我。

（2）要树立一个市场观。什么叫市场观？也是六个字：顾客、竞争、变化。我们用什么理念去对待我们的顾客；用什么样的眼光去看待竞争，用什么手段去应付竞争；用什么样的心态去适应、掌控和引领变化，这就是市场观。

（3）要树立一个工作观。我认为这是企业当中最重要的。工作观有三种选择：第一个选择是为生活而工作。第二个选择是为工作而工作。第三种选择是为理想而工作。

为了具体分析和解决问题，对待内部冲突可参考以下五种风格：①冷处理：暂时放下，选择逃避。②热处理：找出原因，寻求一致。③硬处理：强迫服从，必须认可。④软处理：放弃自我，服从对方。⑤妥协：保持意见，寻求配合。

5.2 鉴别特殊人才

拿破仑曾说过：“最难的倒不是选拔人才，难点在于选拔后，怎样使用人才，即使他们的才能发挥到极致。”

几乎每个企业都有一些特殊人才，他们通常对企业的发展有着非同寻常的贡献，但又特立独行。

奴才。什么是奴才？卸肩献媚，卑躬屈膝，没有原则，并且善于揣摩领导的心思。这种人为人谨慎，精于逢迎。

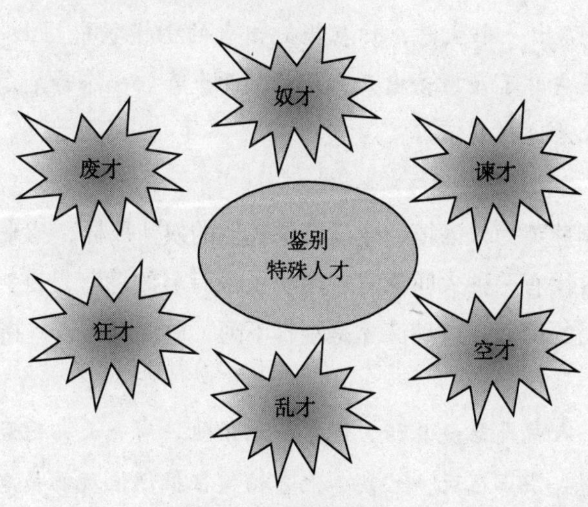

图 5–2 鉴别特殊人才

奴才没有好坏之分，也没办法评价他是能人还是庸人。因为，他既有优点也有缺点。

奴才是怎样产生的呢？奴才是权力的衍生物，有权力的地方往往有奴才。因为只有奴才才善于揣摩领导的心思，为领导排忧解难。所以，奴才的好坏是相对而言的。

奴才做得最圆满的就是清朝的李莲英，他是慈禧太后的一个太监。慈禧太后老年的时候特别爱掉头发，但是慈禧太后不喜欢老，别的丫环和太监给她梳头时，她若看见掉了头发，就鞭打梳头发的人。但是，李莲英在给慈禧太后梳头发时，却从来不让她掉头发。因为古代的时候袖子比较宽，他一边梳头一边把掉下来的头发放在袖子里面。

李莲英为人十分谨慎。有一次，一位官员想送慈禧太后一个自动化的钟表，到整点报时就会出现“万寿无疆”四个字。这位官员先将钟表交给了李莲英，说：“李大总管，我给太后送这样的礼物可不可以？”李莲英看来看去，踱了几步，说：“不可。”“为什么呢？”“报时出现万寿无疆，如果这个钟坏了，出现了‘万寿无’，可怎么办？如果再出现其他的意外呢？两个字都不出来，叫‘寿无’，你看这不就麻烦了，所以不可。”李莲英接着说：“我给你出一个主意，你在报时出来的小横联中写上‘寿寿寿寿’四个字。如果它坏了，顶多出来三个寿、两个寿、一个寿。怎么出来都是一个寿字，你看这样好不好？”

正因为李莲英为人谨慎，才没有像其他的奴才那样，招来杀身之祸。

谏才。古代有一种人叫谏官，历史上最有名的谏官是谁？魏征，他是唐太宗李世民的谏官。这种谏才是刚直不阿，敢说真话，坚持原则。

魏征这个人就是敢说真话，连皇帝都怕他。有一天，他到皇宫里去探望唐太宗，唐太宗正在玩一只鸟，他害怕魏征批评他玩物丧志，吓得就把鸟藏在宽宽的袖筒里面。其实，魏征早已看出来了，他故意不走，拖延时间，李世民急得坐卧不安。魏征走后，唐太宗拿出来一看，这只鸟已经被活活憋死。

唐太宗因此气得大发雷霆，说好你个魏征，有一天我一定要宰了你。这时候皇后听到这个话，就立刻进了房间。皇后穿了一身正装，开始给唐太宗三叩九拜，说恭喜皇上、贺喜皇上。唐太宗说我何喜之有啊？她说恭喜你得了一个很好的谏官，证明你是一代明主。因为你是明主别人才敢于跟你说真话。

企业当中也有这样的人，敢说真话，坚持原则。这些人才都是非常特别的，你说他好吧，太不留情面，你要说他不好吧，还非常正直，所以很难下结论。

空才。这种人喜欢纸上谈兵，夸夸其谈，自大才粗，目中无人。

历史人物中最具代表性的有两个人，一是赵括，赵括是大将军赵奢的儿子，自幼学习兵法，自认熟读兵书，满腹经纶。赵奢临死之前，曾上表皇上，不要重用赵括。但皇上没有听取赵奢之言，在长平之战中，皇上令赵括率领四十万军马抗敌，结果全军覆没。另一个是马谡，也是死搬兵书、错失良机。这种人在企业当中不动手、只动口。

乱才。这种人是害群之马，具有极强的煽动力和蛊惑性。他牢骚满腹，对社会极其不满，而且最可怕的是造谣生事，惑乱军心。

在西方的企业管理当中，这种人被称作烂苹果。一个箩筐中，有一个苹果已经坏烂，如果我们不及时将它清理出去，那么，这一箩筐的苹果都会烂掉，最后连箩筐一起扔掉。烂苹果的可怕之处，在于它惊人的破坏力。

一个正直能干的人进入一个混乱的部门可能会被吞没，而一个乱才能很快将一个高效的部门变成一盘散沙。

远古的时候，黄帝前往具茨山寻找一位叫大隗的“完人”，向他请教治理天下的良策。

出发前，黄帝带领一些很有经验的人做向导和随从。可是，当他们行至襄城郊外时还是迷了路，绕来绕去总是找不到出路。黄帝一行正在万分着急时，忽然看见空旷的野地里有个牧马的男孩，黄帝就赶快过去问他："你知道去具茨山的方向吗？"男孩说："当然知道。"黄帝心中大喜，连忙又问："那你知道大隗住在什么地方吗？"男孩看了看黄帝说："知道。我什么都知道。"黄帝见他聪明伶俐，于是逗他说："你的口气真大，既然什么都知道，那我问问你，如何治理天下，你知道吗？"男孩爽快地回答说："那有什么难的。"说完，男孩却跳上马背准备离开。黄帝拉住男孩再问，于是，男孩回答说："治理天下与牧马相比有什么不同吗？只不过是要把危害马群的坏马驱逐出去而已。"男孩说完，骑马离去。

黄帝闻听此言，茅塞顿开，连向牧童离去的方向叩头拜谢，然后驱车打道返回。

治理企业，有五种人需要格外注意，他们是导致企业管理混乱的祸根。这五种人是：①私结朋党，搞小团体，专爱讥毁、打击有才能的人。②虚荣心重、哗众取宠的人。③不切实际地蛊惑员工，制造谣言混淆视听的人。④专门搬弄是非，为了自己的私利而不遗余力的人。⑤为了自己的个人得失，暗中与竞争企业勾结在一起的人。

这五类虚伪奸诈、德行败坏的小人，对企业的危害极大，我们应及时发现并消除这些祸根。

狂才。这种人自认为能力超强，功高盖主，常表现为不守规矩，不服管理，认为自己"鹤立鸡群"。

我们企业当中有没有这类人？有，并且很多企业里都有。他们自认为能力超群，无人能及，横行霸道，盛气凌人。

在宁波一家模具公司，就有一位特殊人才。通常，做模具需用电脑计算，但这个人由于一字不识，所以，他做模具就用手或笔计算，而且做的模具非常省钱。这个人从不服从管理，公司制度规定上班不许抽烟，但是他对公司制度视而不见。为了公司的利益，老板也只好对他特殊关照，单独给他一个小房间，允许他在这里抽烟，并且给他准备了一个灭火器。

废才。这种人最明显的特征是行动拖拉，胸无志向，“三天打鱼，两天晒网”。企业中，这种废才是怎么产生的呢？很多新人进了企业之后，其实都是满怀斗志，希望能够大展宏图。但有些人由于工作僵化，久而久之失去了工作和生活的热情，不求上进最后就变成了废才。

所以，企业要挽救废才，尽量减少废才。

成功的管理者，不但自己是一个实干家，更是一个善于鉴别人才的赢家。针对以上这些特殊人才，管理者应保持审慎的态度，加以辨别，千万不可人云亦云，遭人蒙蔽，任用了不该用的人。

5.3 减少各种压力

在这个快节奏、竞争激烈的现代化都市，我们的生活和工作充斥着各种各样的压力。

压力虽然看不到、摸不着，但在生活及工作中，每个人都能感受到它的存在。

缺少归属感、担心失业、对前景表示忧虑以及自尊心受挫等，是产生压力的几个主要因素。

在企业内部，压力的形成主要有三个来源：第一，业绩方面的压力。第二，能力的压力。第三，工作中的政治压力。

企业领导是企业管理的灵魂，因此，要发挥“灵魂”的作用，企业领导要有两种智慧，一种是经济智慧，另一种是政治智慧。

我们从众多的成功企业领导人中，选出六种典型的领导者。

第一种：山型领导。这种人坚定、安全。他像企业的一杆旗帜，为企业的发展指明了方向。同时，他基本上是一个创业者，他能把企业从小做大，在企业危急关头，能够做出果断决策，就像大山一样，面对狂风暴雨，岿然不动。

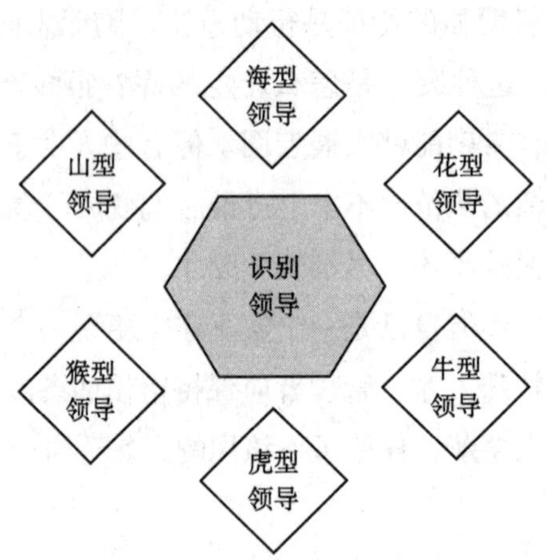

图 5-3 识别六种典型的领导者

第二种：海型领导。这种人心胸宽广，能够包容人的短处。人虽有所长，也必有所短。这就意味着，领导要用其所长，也必须要容其所短。法国著名作家雨果曾说过："世界上最宽广的是海洋，比海洋更宽广的是天空，比天空更宽广的是胸怀。"要容其所短，需要的是大海般的胸怀。

第三种：花型领导。喜欢表现，好大喜功。所以，这种领导能作为团队的表率，而且喜欢冲锋陷阵，但是他们的缺点就是推过揽功。历史人物中，典型的花型领导是项羽，项羽善于打仗，力大无比，但他有一个缺点是从不给下属立功的机会。

第四种：牛型领导。默默无闻，极其肯干，任劳任怨。所以，通常这种人的领导力不强。

第五种：虎型领导。这种领导的特点可以用两个字概括——威信。"威信"是企业领导开展工作必备的一种内在力量。威信高的领导，在开展企业工作时，有呼即有应，令即行，禁即止。但他的缺点是人缘不好，没有亲和力，不愿意听取他人的意见。

第六种：猴型领导。反应快，变化的速度也快，所以常常让下属感到无所适从，不知所措。

我们分析这些不同性格类型的领导，有利于理解我们的上司。金无足赤、人无完人，每个人都有不同的性格，如何和每一种人相处好，达成协作，我认为，这是一门学问，对缓解来自上司的压力会有很大的帮助。

化解压力必须把镜子转向自己，要从自己做起，修炼自我。所以，我们要修炼三个Q：第一个Q是IQ，即智商；第二个Q是EQ，即情商；第三个Q是AQ，即逆商。

IQ即智商，它代表了人聪明的程度。

但是，在生活和工作中，如何去判断一个人的智商高低呢？高智商的人有三个标志：第一是学问高；第二是反应快；第三是研究深。

学问高。我公司有一个高博士，2008年7月5日，他在烟台讲课，他所讲的内容就是获得了诺贝尔经济学奖的《博弈论》，然后从中推导出企业的竞争策略，很有造诣。

反应快。这类人智商也比较高，我们企业当中也存在着一些这样的人。

研究深。即在某项研究领域取得重大成就。比如，陈景润证明了“1+2”命题，成为哥德巴赫猜想研究上的里程碑。

如何修炼我们的智商呢？

智商来源于不断学习与实践之中，向领导学习是最好的方法。因为，成功之人必有其过人的地方，这是千古不变的道理。所以，只有提升自身的智商，才能在激烈的职场竞争中永远立于不败之地。

EQ即情商。在一个人成功的诸多因素中，智商只起决定作用的20%，而情商却占80%。可以说，情商水平的高低对一个人能否取得成功起着关键性的作用。

那么，如何提升我们的情商呢？

第一，学会克制自己的情绪；第二，学会调整自己的情绪；第三，学会判断别人的情绪；第四，学会影响别人的情绪。

AQ即逆商。它是一个人面对逆境的能力，当面对逆境或挫折时，不同的人有不同的反应。高AQ的人愈挫愈勇，屡败屡战，矢志不渝；中等AQ的人面临太大压力时，就会选择放弃；低AQ的人不敢正视压力，有逃避现实的表现。

怎样提高 AQ?

每当逆境出现时，你不妨试着问自己这样几个问题：

(1) 困境出现时，你觉得自己有勇气去面对它吗?

(2) 你感觉自己能控制事态的发展吗?

(3) 你能改变现状吗?

多留意自己面对逆境时的反应，有助你跳出习惯性的思维模式，针对实际问题找出解决的办法。

当面临突如其来的压力时，只有不断提升自身的心理素质，才能在面对各种问题时应对自如，从根本上减少压力，集中精力更好地工作。

5.4 降低企业内耗

在现代市场经济条件下，商场如战场。作为职业经理人，在企业竞争日益激烈的今天，如何有效减少内耗，让员工将主要精力放在工作上，成为企业管理者亟待解决的难题。

在解决问题之前，先来了解内耗的来源。内耗来源于人和制度。其中，人和人的内耗对企业的危害最大。比如，新员工与老员工之间的内耗，能人与庸人之间的内耗等。

1. 人与人之间的内耗

人与人之间的内耗，即群体内耗。群体内耗是什么？是人与人之间内部产生的摩擦力。群体内耗必然造成企业生命力的减弱，甚至衰竭。

降低人和人之间的内耗，我们经常做的就是团队整合。团队整合需要设立一个人员的晋升机制，还需要设有吸引人才进来的门，打开淘汰人才的门。同时要有三大体系：第一是人才的评估与考核体系；第二是激励和约束体系；第三是授权与控制体系。

如果做到一个机制、两扇门、三个体系，就完成了对团队的一次整合，即完成了新员工与老员工之间的整合；完成了能人和庸人之间的整合；也完成了领导和下属的一次整合。只有这样，企业团队才能发挥一加一大于二的效应。

2. 制度之间造成的内耗

制度是企业价值取向的具体表达，目的是为了对不利于企业发展的行为进行必要的约束和限制。但如果制度所强调的内容与企业的价值取向相悖，内耗就会产生。比如，“工作时间三不准”，“违者做如下处罚”，等等。

某企业曾经这样规定：第一，坚决不报打车费；第二，住宿费用，每晚不超过 280 元。公司有一人离家只有 10 公里的路程，但每晚加班到很晚，需要打出租车回家。由于明文规定，不报打车费，所以，他选择公司附近的一家三星级宾馆，住宿标准正好是每天 280 元。我们可以这样分析，10 公里路程打出租车平均需要 20 元，但他住宿却花了 280 元。这就是制度本身的不合理，这种隐性冲突同样具有破坏性。

这样，不仅影响员工的工作效率，而且还会束缚员工的创造力，使制度成本最大化。

如何减少制度内耗呢？有以下两个方案：

第一个方案，制度的整合；第二个方案，团队的整合。

要想化解制度带来的内耗，就要进行制度重新整合。

第一，将没用的或不合适的制度删掉。

第二，要把不合时宜的制度加以改正或改善。

第三，根据企业的发展增加制度。比如，对企业领导的绩效考核标准可明确规定：“企业主要领导人的业绩考核重点是年度目标的完成情况，对业绩突出者予以表彰，对不能完成任务者坚决红牌罚下。”

制度的整合可以概括为三个字：删、改、增。

总之，减少企业内耗是一项极其复杂的工程，需要管理者从不同角度和不同层次做出不懈的努力。一个企业只要内耗问题解决了，必将在企业内部形成亲密、融洽、和谐的关系。那么，这个企业就是一个具有凝聚力和向心力的企业，也就是一个战无不胜的企业。

中篇 “肯干”是职业化的硬功

肯干要求职业经理人会领导、会整合、会管理、会协作、会控制、会储备。具体要求是必须有领导的意愿和掌控能力；有整合和管理的技巧——善用激励，敢于授权；有协作的策略——与人为善、与人为乐、合作共享；有控制的手段——能够适时地塑造氛围、制定机制、树立威信，用科学的人才观指导企业用人机制，实施人才战略。

领导
掌控肯干角色
储备
积蓄肯干后劲
整合
激活肯干能量
肯干
控制
瞄准肯干全程
管理
把握肯干资源
协作
凝聚肯干活力

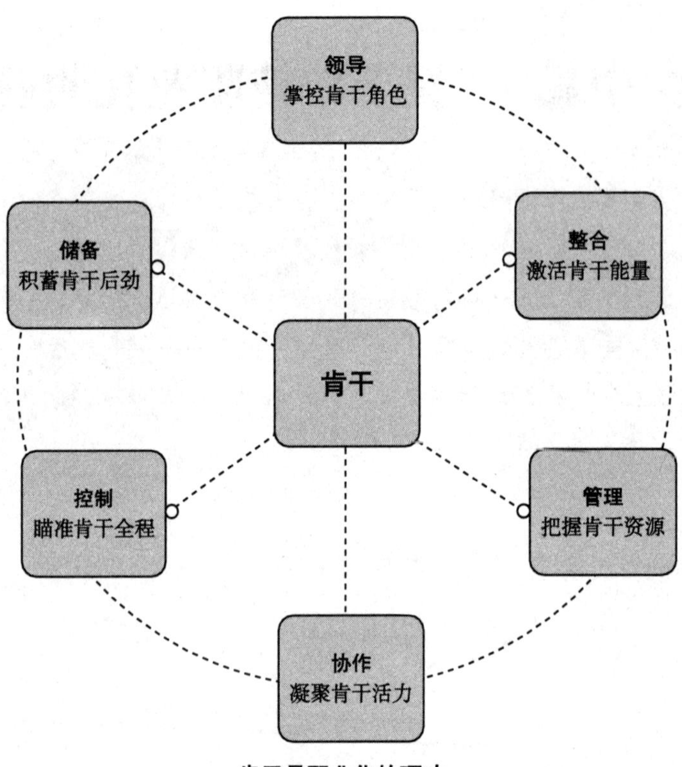

肯干是职业化的硬功

第六章　领导、掌控肯干的角色

专家点悟

如果有了较高的行动意愿，找对了行动的方法，端正了角色定位之后，再具备发现、分析和解决问题的能力，就能成为一名出色的职业经理人。

领导要有用人的能力、识人的本事、容人的胸怀、爱人的良心，决策要及时、准确，最终凭实力去驾驭管理、掌控未来。

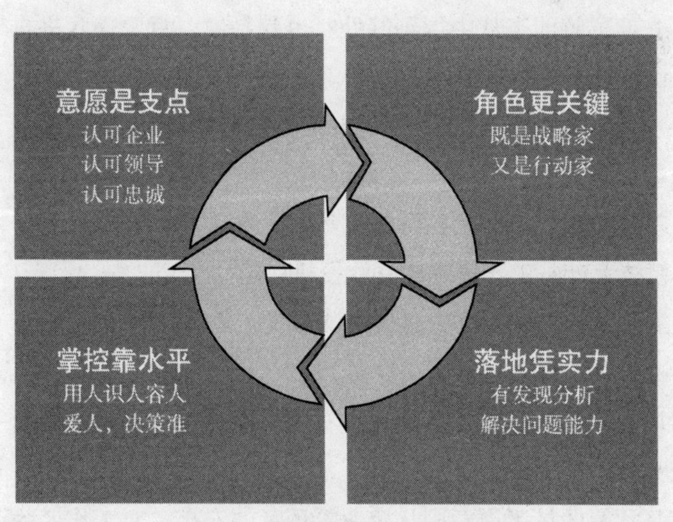

图 6-1　领导掌控肯干的角色

6.1 意愿是支点

伟大的创举总是源于伟大的思想。人生在世，每个人都有自己的思想，但思想并不是人生的目标，而最终结果上的差别可能就在于其意愿的强弱。

作为职业经理人，除了自身具有强烈的意愿以外，还要带领下属形成较高意愿。

在工作当中，一些人积极性不高，能动性不足，就是由于意愿不足。意愿不足是行动力的杀手，是首要问题。如果意愿是零，即使有较强的执行力，良好的执行策略，行动力还是为零。

无论对于个人还是管理者，意愿是非常重要的，意愿越大，成功的几率也就越大。

意愿的问题也通常指我们的心态，人是理性和现实的动物，做任何事情之前，先要了解能否从中得到好处？也就是说，意愿通常来自于动力或压力。

如果一个企业里的员工没有强烈的意愿，其行动力肯定是低下的。意愿低下主要表现在：

（1）理由太多，完不成工作总是喜欢找借口。

（2）粗枝大叶，工作过程中喜欢投机取巧。

（3）配合太差，在工作中过分强调自我，争名夺利。

（4）讲条件，耍大牌，居功自傲。

针对以上意愿低下的主要表现，我们可以通过以下方法判断一个人是否具有较高的行动意愿。

具有高意愿的员工愿意服从企业管理者的安排，对工作兢兢业业，具有高度的责任感和忠诚度。具体可以概括为“三个表现”和“三个要素”。

三个表现：把工作当成自己的事情来办，心往一处想，劲往一处使。三个要素：认可企业理念，认可领导理念，认可忠诚理念。

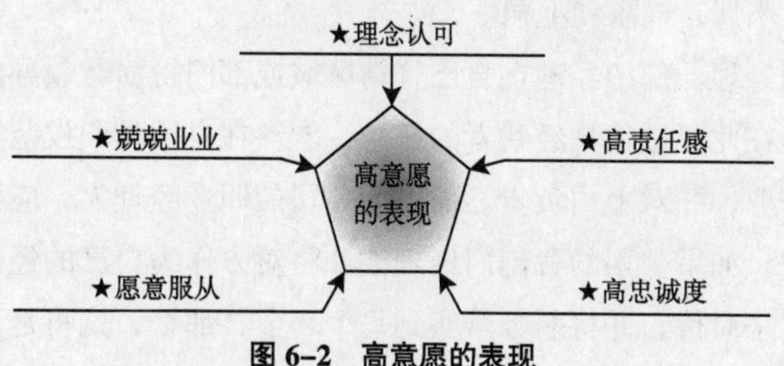

图 6-2 高意愿的表现

意愿的提升到底从哪里来呢？企业的一个团队或一个员工为什么要有意愿呢？

首先，要给自己一个做事的理由，让自己做事。其次，给自己一个要把事情做好的理由。

一个人是否有意愿，主要来自于两个方面：一是做事的动力；二是做事的压力。

当目标变得非常明确时，人在工作中才会有动力，才会付诸行动。而只有找到激发你积极行动的动力，同时冷静分析自己所面临的压力，努力化压力为动力，你的思想才会引导你的行为去完成工作的使命！

6.2 角色更关键

人生如戏，岁月蹉跎，每个人在自己的舞台上扮演着自己的角色，尽情挥洒着欢乐与悲伤。

如果将公司比作一个舞台，在公司这个纵向结构的小社会里，你可能扮演着上司或下属的角色，更可能同时要扮演这两个不同的社会角色。

选择适合自己的角色，学习如何与不同身份的职场人士相处，将使你赢得别人的尊重和信任。

作为一个优秀的职业经理人，你必须学会在不同的环境中扮演三种不同的角色：下属、同事和上司。

分公司经理、部门经理在自己管辖区域或部门扮演着领导的角色，但更重要的是在此领域他是经营者的替身，能够在自己的职权范围内完成公司的各项任务，并对上司负责。而作为公司的职业经理人，应当将对方视为内部客户，如果公司的各部门经理彼此将对方作为自己的经销商、供应商或消费者来对待，并将服务落实到每个环节，那么，这将是一个不可战胜的高绩效团队。

由于职业经理人的工作定位和一线的员工有很大的不同，与最高层的老板也有区别，因此他的角色特点是：

第一，职业经理人在战略家面前更多的体现于行动的一面，就是在企业家和上级领导面前，职业经理人更多的是行动家和执行者。所以，他们要执行上级的命令，同时需要延伸上级的意志。

第二，在行动家面前要体现出战略。哪些是行动家呢？下属就是行动家。他需要完成上级交代的工作，要体现出上级的意图。这时，职业经理人要有计划，因为，他要告诉下属，该做什么，怎样去做。同时，职业经理人还需扮演一个组织者的角色。其工作职责是什么？就是有效地整合人力资源，让人力达到最佳绩效。德鲁克曾说过："组织的目的是为了使平凡的人做不平凡的事。"要达到这一效果，需要管理者的组织能力，把适当的人放在适合的职位上。

作为职业经理人，从角色定位上看，他应该充当上司和下属的两种角色。

首先，在下属面前，他是领导，面对困难时，他能独当一面，排兵布将。同时，在上司面前，他又是一个很好的臂膀。

一个优秀的职业经理人，不在于他能做多少具体事务，因为一个人的力量是有限的。只有准确认知自己在不同级别的角色定位后，发动集体的力量才能攻无不克，战无不胜。

6.3 掌控靠水平

约翰·科特曾说过：“取得成功的方法，75%~80%靠领导，20%~25%靠管理。”这里所说的领导，是领导行为，领导行为靠人的领导意识和领导能力，而这种意识和能力主要指领导的掌控能力。无论对于一支团队，还是企业的发展，领导者的掌控能力是企业能否有效运转的前提，是企业成功的关键。因此，做好领导，才有好的领导行为，才有企业的成功。

如何做好领导又是一门高深的大学问。

下面给大家分析一则由巩汉林和赵丽蓉扮演的小品：

巩汉林扮演儿子，赵丽蓉扮演母亲。有一天儿子被公司提升为科长，他告诉母亲，母亲很替他高兴。但儿子突然显得很沉闷，说：“我有一个困惑，我升为科长了，明天怎么去单位呢？我明天昂头走路，大家会认为很高傲。如果我要低头走路，大家会不会认为我没有底气？”母亲听后很生气，说：“儿子，明天去上班就做你自己，你该怎么样就怎么样。”

这是一个新任领导在上任之前复杂内心的真实写照。

曾经在我第一次担任地区经理时，也有过同样的内心矛盾。

其实，这只是一个过程，每个人都会有类似的心理。我曾经和宁波的一家企业老板也谈论了这个问题。他说：“谢老师，一个好领导是怎样修炼出来的？”我听后很惊讶，告诉他“领导力不需要修炼，需要实践”。

一个人是否具有领导力首先应看其是否具有威信。而威信不在于修炼，需要自己的实践。所以，无论你是刚刚上任的主管，还是在位多年的骨干，你应谨记，领导力在于实践而不是修炼。

根据词性的不同，可将领导划分为名词的领导和动词的领导。

名词的领导有两层含义，一是领袖。领袖是组织上的领袖，也是精神上的领袖。二是向导。能够为企业的发展指明方向。

一个好的领导，也是一个会用人、会决策的领导。我曾在《二次创业的操盘部署》一文中提到领导用人的三个技巧，一是用师者王天下；二是用友者霸天下；三是用徒者失天下。领导会决策，要求决策的准确率高、决策的速度和果断性强、决策的正确效果明显。

动词的领导是指能够领先开导，带领人群，鼓动风潮。

做领导就要做领先开导，鼓动风潮。因此，要做三件事，即引导、指导和督导。第一，引导。激发下属的工作热情，调整下属的心态，让他热爱公司。第二，指导。指导他如何出色地完成工作，比如，在工作方法，技巧上加以指导。第三，督导。督导是指对工作的督导、效果的督导、方法的督导等。

在《领导操盘力》当中，我提到，领导是教练员，是鼓动家，是政治家，是领航员，是战略家。

作为一个杰出的企业领导者，应该有自己的领导特色。要把握好处事的哲学，上能为领导出谋划策，下能安抚好员工，起到承上启下的作用。

6.4 落地凭实力

在这个充满竞争的时代里，每一位职场人士，都身处在一场无形的职场奥运会中。站在新的起跑线上，要想赢得比赛的最终胜利，必须靠自身的实力说话。

目前，很多企业在招聘时，偏挑专业对口，且具有高学历的人才。比如，某些企业招聘主管专挑海归派的博士、博士后。他们认为，这些人才不仅有国际化的视野，并且都有高学历，在国外都有成功的经历，因此以年薪数十万元、数百万元为诱饵，极力保留这些人才。但是，这些人才其实在国内企业未必受用，企业的绩效不一定能得到提升。那么对企业有所贡献的人才应该具备哪些条件呢？

企业需要的“人才”不是表面的学历、职称或身份，而是内在的东西，主要是指解决实际问题和为社会创造财富的能力。这种能力需要在实践中培养和检验，它和学历职称没有必然联系。

拥有高学历并不等于就会拥有一份好工作。虽然我们不否认高学历文凭在求职过程中会助我们一臂之力，但是，工作需要的是真才实学，而不是一副美丽的躯壳。真正的能力并不等于学历，没有能力，你就是社会的奴隶，乃至被社会所抛弃。

在实际工作当中，有些人一听是某某名牌大学毕业的学生，并且专业也对口，马上就可以去做主管。结果不到两个月，要么主动提出辞职，要么被老板炒了鱿鱼。

为什么？因为缺少实践，没有理论与实践的紧密结合，再高的学位也名不副实。

走遍大江南北，我在呼吁一件事情，企业的主管不能从刚刚毕业的大学生当中选拔。因为，刚从学校毕业的大学生没有实际工作经验，即便他工作能力再强，没有得到锻炼，就不能及时、有效地解决随时出现的问题。所以，企业的主管应该从基层中选拔。

虽然高学历不等于高能力，但并不是上大学浪费时间。学校教育不培养企业家，工商管理学院也不培养企业家，因为工商管理学院只是给了学生作为企业家的轮廓，让学生了解什么是资金、技术、人才、市场、管理等。

如果把企业比作土壤，把职业经理人比作种子，职业经理人空降到企业里，就应该像种子一样在土壤里成活，并生根、发芽、开花、结果，这才是优秀的职业经理人。那么，优秀的职业经理人应该具备什么能力呢？

为适应现代经济社会发展的需要，企业的决策及管理的正确与高效的前提是，职业经理人应具有较高的素质并能充分发挥自己的作用，以提高企业的竞争、生存和发展能力。

职业经理人应提升以下能力：第一，正直的人格魅力；第二，准确的判断能力；第三，成熟、自信和沟通的公关能力；第四，善于处理危机或突发事件的能力；第五，精通市场经济知识及把握其内在规律的运作能力；第六，创新精神与战略远见；第七，较强的理财能力；第八，坚持不断学习新知识。

总之，职业经理人必须善于学习、不断提高自己，才能深入了解当今国内乃至世界上本行业的前沿情况和发展趋势。只有这样，才能保持战略性的远见卓识和高质量的决策水平。

能力不等于文凭，能力是什么？70%的民营企业老板没有文化，但是他们具备了管理企业的能力，即发现问题、分析问题和解决问题的能力。

1. 学会发现问题

(1) 学会在工作中找差距：一是目标和结果的差距；二是自己和别人的差距。

首先，从目标上找差距。目标是一个人工作的方向，如果和别人的目标都有很大的差距，那么，其结果所达到的高度很可能不一样。

其次，从结果中找差距。结果最能说明问题所在，如果别人取得成功，而自己没有获得相同或者更高的成功。其结果是，要么方法不对，要么方向不对。同时，应该随时与同事、上司、同行比较，比较才能发现差距、发现问题。

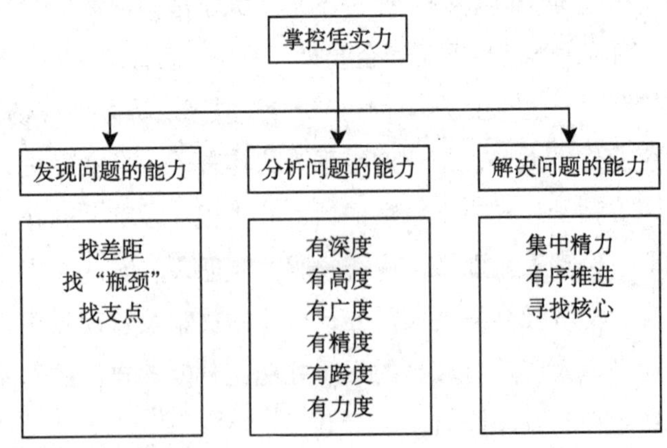

图 6-3　人才所需具备的能力

（2）学会在工作中找"瓶颈"。

首先，从自身找原因。如果对自己的工作效率不满意，那么，就应该找出降低工作效率的原因。如果工作效率已经很高，那也应该分析阻碍继续提高的原因。

其次，从团队中找原因。找出影响整个团队协作提高的症结。

（3）学会在工作中找支点。什么叫支点？支点就是起跳点。阿基米德曾说过："给我一个支点，我可以撬起地球。"但当问题出来时，支点放在哪里呢？第一点，关键推动力。什么叫关键推动力？就是有了它，这个事情就会以超乎寻常的速度发展。第二点，改善落脚点。就是你工作改进的落脚点在哪里？

2. 学会分析问题

怎样分析问题？可以概括为一句话——透过现象看本质。也许这句话过于简单，但是很多人不知道怎样具体做到透过现象看本质，其实里面包含了很多内容。

（1）分析问题要有深度。对问题要进行深层次的探究，寻找问题的真正原因。

（2）分析问题要有高度。分析问题时，要有高度概括、高度归纳、高度总结的能力。

（3）分析问题要有广度。任何一个问题都不是孤立出现的，因果关系总是一环扣一环，所以，不要只盯住一个环节而忽视对整体的系统分析。看问题应由表及里、由外向内，把一件孤立的事物放到一个系统当中去考虑。

（4）分析问题要有精度。精度，即准确性。

（5）分析问题要有跨度。问题的出现有一定的重复性，你现在面临的问题也许别人曾经也遇到过。所以，在分析问题时，要养成瞻前顾后的习惯。

（6）分析问题要有力度。分析问题时，首先要从自身找原因，而不是从他人身上挑毛病。所以，当遇到问题时，先剖析自己，然后再分析别人。

3. 学会解决问题

问题出现后，许多管理者通常按照常规办法作处理。其实，遵循常规就是遵循一般规律性。但是，事物除了存在一般规律性，还有特殊性。所以，一个问题往往存在多种解决办法，而常规的解决办法未必就是最好的。

解决问题的方法很多，但都有主次之分，这里介绍三种最重要的方法：

(1) 集中精力解决。聚焦一个关键点，不达目的不罢休。

拿破仑·希尔曾说过："我们不能把目标放在真空里，因为目标指挥着我们的注意力朝向问题的解决或机会的掌握。你必须配合自己的需要、希望，看什么需要留意。"如果大面积撒网，不把它们集中到特定的问题上，有限的精力就会被过度分散，从而达不到解决问题的效果。

(2) 有序推进工作。中国有句俗话"一口吃不成胖子"，凡事都有一个循序渐进的过程，不能一蹴而就。同样，解决问题时，必须规划阶段目标，分阶段地解决。

(3) 寻找核心问题。抓住主要矛盾，集中解决。

第七章　整合、激活肯干的能量

专家点悟

整合、激活肯干的能量，产生“1 + 1 > 2”的效果。

职业经理人在人力资源管理上要做到定职、定岗、定人、定标准、定流程、定考绩，以激活肯干的能量。激励要做到：高层给面子，中层给位置，基层给薪水。同时，还应采取薪酬、股权、地位、文化等多种激励手段。在有效激励的同时敢于授权，做到收放自如、掌控大局、约法三章，实施有效控制和监督。

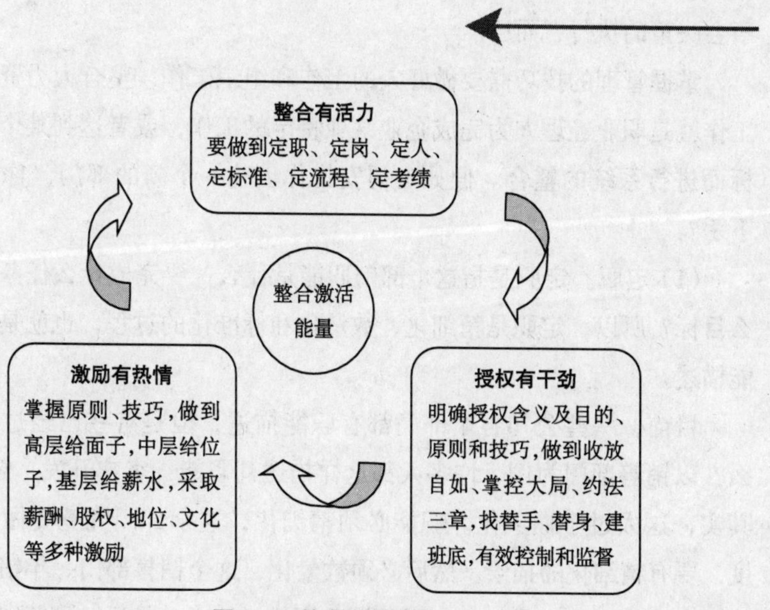

图 7-1　整合激活能量

7.1 整合有活力

为什么有些企业不惜重金聘请的中高层职业经理人员很快流失呢？这里当然有职业经理人本身定位偏差的原因，以及缺乏职业精神的缘故，但从另一个角度也反映出企业只注重人力资本挑选，不注重人力资本整合的误区。

人力资本具有资产专用性的特征，即使是累积最深厚、综合水准和素质最好的人力资本，如果不与特定的组织环境和组织资本完美结合，其产出能量也会大打折扣。因此，作为职业经理人，除了需要制定一个完善、科学的挑选机制外，还需设有一个行之有效的内部整合机制与之配套。

广东中山华帝集团公司聘请 27 岁的姚某担任集团总经理，但并没有赋予姚某作为一个总经理应有的经营决策权，姚某在事实上仅仅是一个董事会决策的执行者而已。

掌握管理的技巧需要做好人的工作和组织工作，整合人力资源。组织工作就是职业经理人为完成企业某项特定的工作，或者达到某个特定的目标而进行系统的整合。假如上司安排你创建一个新的部门，你应该从何下手？

（1）定职。定职是指这个部门职能是什么？要完成什么任务？达到什么目标？所以，定职是精细化、数量化和标准化的过程，也就是部门的职能描述。

目前，一些公司各个部门都有职能描述，但是有些已经过时。为什么？以销售部门为例，许多人都这样描述其职能：客户开发，客户维护。其实，这太过于抽象化。职能必须精细化，这个部门究竟要做到什么程度，要有精细化的描绘。然后必须数量化，这个销售部门一年销售额要增长多少，是 10%还是 20%，必须写到职能描述中。最后，将精细化和数量化进行固化，这才是定职。

（2）定岗。定岗是企业岗位管理中的一项基础性的工作。它涉及企业业务目标的落实、员工能力和数量的匹配等问题。

无论公司、部门还是班底都有岗位的需求。比如，销售部门，需要部门经理、部门经理助理、销售员，这是定岗。

定岗需要做到精细化、数量化和标准化，它没有固定的模式，也没有统一的标准，需要根据具体的情况做出相应的选择。

（3）定人。定人是指由哪些人完成哪项工作。定人应根据最适合、最经济的原则，精选员工，责任到人。比如，销售部门需要 1 名部门经理，1 名部门经理助理，20 名销售员，共 22 名。

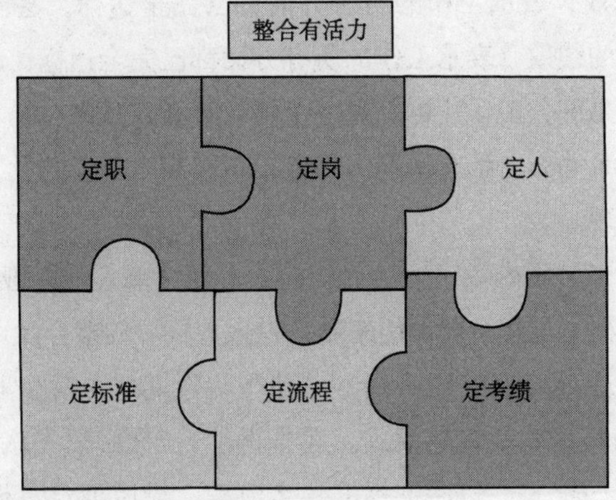

图 7–2　整合的内容

（4）定标准。必须给每个岗位定下考核的标准，只有定好标准，下属才会有方向，他们才知道好的标准是什么，不好的标准是什么。

（5）定流程。流程是一个工作的程序，是工作的先后顺序。在企业当中，有核心流程和辅助流程之分。比如，在完成某项任务时，按照它的工艺流程要经过三段，每一段都有一个核心的节点，即关键的控制点。无论完成什么流程，都会有节点，也就是有关键的事件，所以，梳理流程的目的，是为了梳理工作中关键的事件。

（6）定考绩。定考绩即绩效考核，这是很多企业所缺乏的。绩效考核对于各个部门都非常重要。

作为企业的各级主管，应该有一个绩效考核的权力。没有绩效考核，下属就会得过且过，敷衍工作。只有定考绩才能建立以岗位为核心、以绩效为依据、以市场为导向、以激励为目的的薪酬制度。

花旗银行的人力资源部根据员工三年内的九个关键要素，即对整体结果的贡献，对客户的效率和个人业务技术熟练程度，执行程度，领导力，对内、对外关系，全球效力，社会责任，对员工做出综合绩效评估。评估结果分为三个等级：优秀的绩效、完全达标的绩效和起贡献作用的绩效。

优秀的绩效，表示工作的所有方面都已完全达标，甚至还有一些超标；完全达标的绩效，表示工作的所有方面都已完全达标；起贡献作用的绩效，表示只是部分工作达标。每一个绩效等级在操作、技术、专业、领导力、工作关系等方面都有不同的界定，不同绩效等级的员工在这些方面会有不同的表现。

定职、定岗、定人、定标准、定流程和定考绩，从企业的角度来看，是一个组织的再造过程。从部门来看，是人力资源的整合盘点。

一个国有企业老板曾经跟我讲，他想在近期之内对企业进行组织改造，让我做一套绩效考核的模式。我告诉他："你必须先从六定开始做，先定职、定岗、定人，然后定标准、定流程，最后再定考绩。要让大家知道该做什么、怎样做，好的标准是什么，我才能做出一套绩效考核的模式。"

7.2 激励有热情

曾有一位名人说过这样一句话："所有的输和赢都是人生经历的偶然

和必然。只要勇敢地选择远方，你也就注定选择了胜利和失败的可能。人生的关键在于：只要你做了，输和赢都很精彩。”

生活中，每个人都需要这样的激励，作为企业的员工也一样，他们期待自己的努力会得到应有的鼓励与报酬。要让员工长期有好的表现，需要建立公正合理的考核办法与激励机制，才能促使员工愿意为企业的发展而努力。

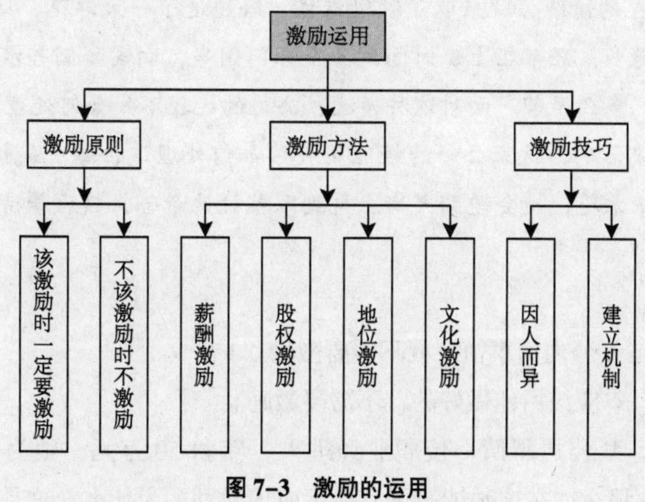

图 7-3 激励的运用

1. 激励的原则

激励是使员工保持持久的工作热情和创造性的一项重要手段。激励的目的在于，推动员工朝积极的方向发展，提高企业的竞争力。

激励员工时应做到适当激励。激励就像一把“双刃剑”，可以使员工提高工作效率，但也能使人懒惰。为什么？因为，第一次激励有效，第二次激励有效，第三次，第四次……最后习以为常，以后他每完成一项任务，都等待着你的激励，这样，反而达不到激励的效果。

那么，何时激励呢？第一，贡献多；第二，业绩大；第三，能力强。对贡献比较多的员工要激励，对于业绩比较大的要激励，对于办事能力强的人同样要激励。员工需要激励，但并不意味着无论完成任何工作都需要激励，不需要激励时不应激励。在什么情况下，不需要激励呢？

第一，分内之事，不需要激励。

举一个简单的例子：

某家公司销售部文秘A负责整个销售部门的打字和内勤工作，根据测算，A可以负责四个销售部工作。由于业务的增多，这家公司又开设了一个销售部，让她同时负责两个销售部的工作，A开始抱怨工作的繁重。经理为安抚A的情绪，就采取了激励措施，给她送了一束鲜花，结果发现A抱怨越来越多，经常在上班时间到各个部门闲串，向同事倒苦水，说自己有多么忙、多么辛苦。面对这种情况，公司的经理不知如何处理。

一次谈话中，这家公司的经理问我该如何处理这件事。我说："如果你再给她一束花，她会跑到大街上见到人就说她辛苦，然后等待你给她一车厢的花。"

这本是A分内的事情，就不需要激励。

第二，本应该由他做好的，不需要激励。

比如，某公司聘请一位职业经理人，年薪50万元，他为公司盈利500万元。那么，在这种情况下，你不应该激励。为什么？这是他作为职业经理人的行业标准。很多人在这方面做的不恰当。

这里提供一个原则，高层给"面子"，主要给予精神方面的鼓励；中层给位子，中层年富力强，你需要给他提供一个建功立业的大舞台；基层必须给予薪酬鼓励。

2. 激励的方法

在实施激励时，我们通常采取四种方法：

（1）薪酬。激励是企业管理的核心，而薪酬激励又是企业普遍采用的一种激励手段。

薪酬的分配绝不是简单地"分蛋糕"，而是如何"划分蛋糕"，使企业今后的"蛋糕"越做越大。所以，薪酬的分配绝不仅仅是一项技术工作，更是一种战略思考。

很多企业的老板认为薪酬就是发工资。其实，薪酬也是激励的一种。它激励本人再立新功，鼓舞别人向他看齐。正因为薪酬具有激励作用，所以薪酬的分配必须做到公正、公平。

公平、公正是管理员工的重要原则，任何不公的待遇都会影响到员工的工作积极性和工作效率，从而达不到激励的效果。所以，对于取得同等成绩的员工，一定要给予同等层次的奖励。

不同的岗位有不同的薪酬标准，不同的业绩有不同的薪酬标准，不同的级别也有不同的薪酬标准，所以，薪酬的分配绝不能走平均路线。

摩托罗拉具有在市场上颇具竞争力的薪资福利和奖惩机制。对于表现优秀的员工，公司会给他提供一个发展自身的平台，包括职位的提升、去海外工作的机会等。奖惩激励机制的实现有赖于一个非常完整的绩效考核系统。

摩托罗拉每年都要求员工根据自己的职位制订年度计划，每个季度进行一次考核，年底再做一次总结，看他所完成的任务是否与年初设定的目标相吻合。哪些员工完成了既定目标，哪些员工超额完成，哪些员工未达到既定目标。经过这番考核评估，将优秀的员工区分出来，给予相应的奖励。

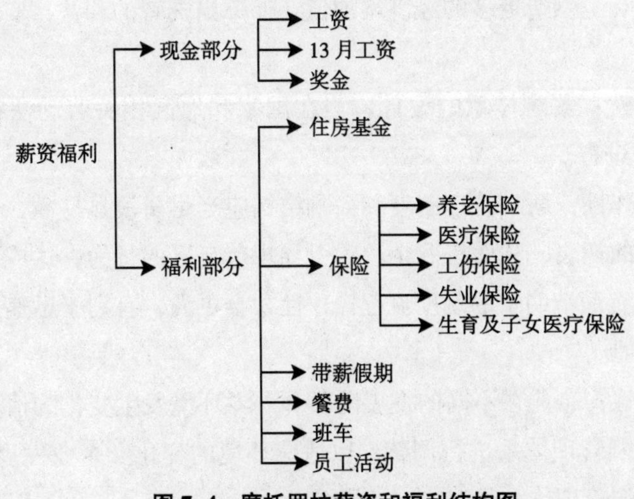

图 7-4 摩托罗拉薪资和福利结构图

薪酬体系设计需要遵循的基本原则：

薪酬作为分配价值的形式之一，设计时应当遵循按劳分配、效率优先、兼顾公平及可持续发展的原则。

①内部公正性：按照承担的责任大小，需要知识能力的高低，以及工作性质要求的不同，在薪资上合理体现不同层级、不同岗位在企业中的价值差异。

②外部竞争性：保持企业在行业中薪资福利的竞争力，能够吸引优秀的人才加盟。

③与绩效的相关性：薪酬必须与企业、团队和个人的绩效完成状况密切相关，不同的绩效考评结果应当在薪酬中准确地体现，从而保证企业整体绩效目标的实现。

④激励性：薪酬以增强工资的激励性为导向，通过动态工资和奖金等激励性工资单元的设计激发员工工作积极性；另外，应设计和开放不同薪酬通道，使不同岗位的员工有同等的晋升机会。

⑤可承受性：确定薪资的水平必须考虑企业实际的支付能力，薪酬水平须与企业的经济效益和承受能力保持一致。人力成本的增长幅度应低于总利润的增长幅度，同时应低于劳动生产率的增长速度。用适当工资成本的增加引发员工创造更多的经济增加值，保障出资者的利益，实现可持续发展。

⑥合法性：薪酬体系的设计应当在国家和地区相关劳动法律法规允许的范围内进行。

⑦可操作性：薪酬管理制度和薪酬结构应当尽量浅显易懂，使员工能够理解设计的初衷，从而按照企业的引导规范自己的行为，达成更好的工作效果。只有简洁明了的制度流程操作性才会更强，有利于迅速推广，同时也便于管理。

⑧灵活性：企业在不同的发展阶段和外界环境发生变化的情况下，应当及时对薪酬管理体系进行调整，以适应环境的变化和企业发展的要求，这就要求薪酬管理体系具有一定的灵活性。

⑨适应性：薪酬管理体系应当能够体现企业自身的业务特点以及企业性质、所处区域、行业的特点，并能够满足这些因素的要求。

（2）股权。股权激励是一种通过经营者获得公司股权的形式给予企业经营者一定的经济权力，使他们能够以股东的身份参与企业决策、分享利润、承担风险，从而勤勉尽责地为公司的长期发展服务的一种激励方法。

比如，公司给职业经理人股权后，随着公司股票不断升值，几年后他就会变成一个百万富翁，当然，他更不希望公司的股票下跌，所以，他会拼命努力地工作。

（3）地位。地位也是一种激励。比如，任命一些人作为公司的名誉董事，这就是对他的激励。

在企业内部，要调动人的积极性，更重要的是注意工作的安排，量才录用，注意给人以成长、发展、晋升的机会。

比如，摩托罗拉的经理级别为初级经理、部门经理、区域经理（总监）、副总裁（兼总监或总经理）、资深副总裁。摩托罗拉强有力的培训给许多人提供了成长的空间。在摩托罗拉，技术人员可以做管理，管理人员可以做技术。

（4）文化。优良的企业文化能够满足员工的精神需求，起到精神激励的作用。只有从人的内部进行激励才能真正调动人的积极性，恰当的精神激励比许多物质激励更有效、更持久。

对员工来说，优良的企业文化实质上是一种内在激励，它能够发挥其他激励手段达不到的激励效果。

物质需求的满足是必要的，但是，即使物质获得满足，它的作用往往是短暂、有限的。所以，物质利益和工作条件等外部因素固然重要，但也不能忽略精神鼓励。

对于企业里的每位员工来说，他们需要你的信任、你的聆听、你的表扬，甚至你的关怀。

3. 激励的技巧

企业管理者都希望下属能够努力、高效地工作，并为此采取了种种激励措施。然而，其效果却不令人满意。因为，他们往往是凭自我感觉或经验来做事。其实，激励也需讲技巧。

激励是一套很复杂的体系。美国社会心理学家马斯洛概括了人的五种心理需求：

（1）生理需求：衣、食、住、行等需求都属于生理需求，这类需求的级别最低，人们在转向高层次的需求之前，应先满足这类需求。因为，当一个人处于饥寒交迫时，不会对其他任何事物感兴趣。

（2）安全需求：和生理需求一样，在安全需求没有得到满足之前，人们唯一关心的就是这种需求。

对于许多企业员工而言，安全需求表现为工作稳定、有医疗保险、失业保险和退休福利等。所以，许多企业管理者利用员工的这种心理，强调规章制度、职业保障、福利待遇，并保护员工不致失业。

（3）社交需求：社交需求如果得不到满足，就会影响员工对工作的不满，从而导致高缺勤率、低生产率。

企业管理者必须意识到这一点，当社交需求成为主要的激励源时，应采取支持和赞许的态度，开展体育比赛和集体聚会等活动。

（4）尊重需求：尊重需求是希望得到他人的肯定，认为他们有能力，能胜任工作。他们所关心的是成就、名声、地位和晋升机会。所以，企业管理者在激励员工时，应注意有尊重需求的员工，采取公开奖励和表扬的方式。比如，颁发荣誉奖章。

（5）自我实现需求：自我实现需求的目标是实现自身的责任和价值，或是发挥潜能。重视这种需求的管理者，在设计工作时，会考虑运用适应复杂情况的策略，给优秀的员工委派特殊任务，为其提供施展才华的大舞台。

激励要针对不同的人采取不同的方法，要因人而异，不能采用一套模式。所以，企业管理者应及时建立激励机制。因为，它是企业引人、用人、留人的必要机制。

如何选择适当的激励模式并且发挥激励机制最大的效果，已经成为众多企业家最为关注的问题之一。

目前，中国上市公司的十种激励模式在国内具有代表性。它们分别是：经营者持股、员工持股、股票奖励、延期支付、业绩股票、业绩单位、股票期权、股票期股、股票增值权和虚拟股票。

评价一个激励模式的特点，主要从短期激励性、长期激励性、约束性、现金流压力和市场风险影响五个方面去考察。

短期激励性指受益人能否在短期内获得激励计划带来的收益；长期激励性指受益人对较长一段时间后能否从激励计划获得收益的预期；约束性针对企业和个人，一方面指受益人是否会因为自己的错误行为减少收益，另一方面指企业是否对受益人的错误行为采取惩罚措施；现金流压力指在实施激励计划时企业出资的程度；市场风险影响是指股票市场价格的变动对企业实施激励机制产生的影响。

任何一种激励模式，都具有各自的优点和不足。企业在选择激励模式时，可以综合其他激励模式共同使用。比如，吴忠仪表公司采用了“期股+期权+员工持股”三种复合模式。

其中，期权和期股激励模式主要基于受益人未来的努力，短期不获利；员工持股模式主要基于受益人可以在短期内获得股份分红。企业在选择多种激励模式复合时，应根据自身的特点，选择合适的激励模式。不同的企业类型、行业类型、企业发展状况使企业选择的激励模式也不尽相同。

7.3 授权有干劲

1. 授权的含义与目的

聪明的职业经理人都不独断专行，应该学会如何授权。首先，我们要明晰两点，什么是权力以及企业当中有哪些权力。

什么是权力？权力实际上是一种稀缺的资源，企业如此，政府如此，军队也如此。为什么？因为，权力可以支配物质，也能支配精神。比如，我有至高无上的权力，那么我就能够在国家推行一种哲学和思想。

那么，企业当中有哪些权力呢？企业当中的权力可分为三级：

第一级权力是产权，即企业的所有权。这种产权意味着收益权，还意味着让渡权，又意味着继承权。所以企业里最大的权力是产权，就是我们所说的股权。

第二级权力是控制权。控制权可分为战略的控制权、人事的控制权、财务的控制权和资源的控制权。

第三级是参与权。参与权包括，管理权、申诉权、知情权和报告权。职位越高，拥有的参与权越多。

在了解企业权力后，那么，企业为什么要授权呢？

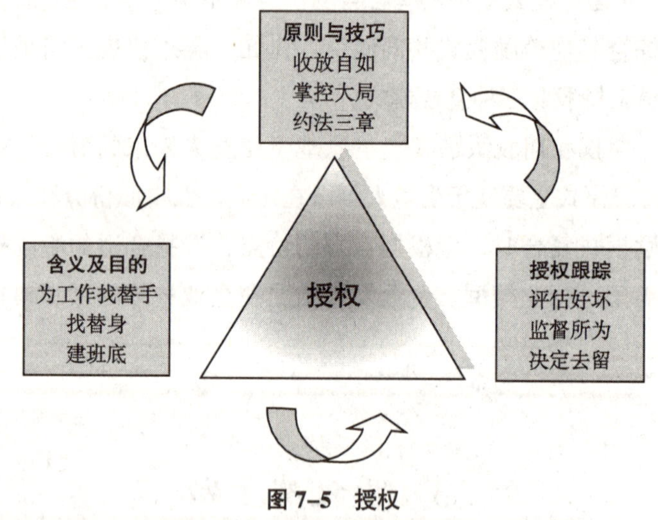

图 7–5　授权

(1) 授权是为了完成工作。事实上，授权的目的，除了将不需要决策判断的工作释出，以求精简工作量外，最主要的是通过“授权”让下属拥有更大的权力和空间尽情发挥自己的才能。

英国北欧航空公司为了提高顾客的满意度，授予基层的员工和服务员很大的权力。比如，临场专断权，在处理顾客的事务时，不需要请示，可以现场决定，处理完后，只需通报上级。

曾经有一个乘客在乘坐该公司的飞机时，发现忘带了机票，由于飞机快要起飞了，回去取已经来不及，他非常着急。正在这时，一个服务员朝这边走来，“先生，我有什么可以帮助您的吗?”“谢谢你，但是我的忙你肯定是帮不了的。”“您说说看，也有可能我可以帮助您。”“我忘了带机票，把它丢在了我的宾馆房间里面。”“您叫什么名字?”“我叫索菲斯。”服务员说：“索菲斯先生，我现在给您开一张条，您先拿这张条去托运您的行李，去换登机牌。”“你这一张条可以吗?”她说：“你可以试试吧。”他拿着她写的这张条，托运了行李，换取了登机牌，顺利到达候机楼。

在临登机的前十分钟，他发现这个服务员过来了，手里拿着机票。索菲斯惊讶地问：“小姐，你是怎么拿到的？这样跑一个来回显然不可能。”她说：“我们北欧航空公司有一个规定，为了顾客满意，可以临场决策我们应该怎么做，我给宾馆打了个电话，说有一个叫索菲斯的先生，昨天夜里在您那里下榻，他的机票忘在了房间里，请马上派车给我送来，所有的费用由北欧航空公司来负责。”

这位服务员工作完成得太漂亮了，但是，没有公司的授权可以办到吗?

当问题出现时，如果员工请示完主管，主管再请示部门经理，部门经理再请示企业的老板。经过这样一道道复杂的程序后，不仅耽误了大量的时间，最终也解决不了出现的问题。

（2）授权是为了找替手。职位越高的领导时间越宝贵。因为，他们的时间不是他个人的，是整个企业的时间。所以，正因为时间的宝贵，作为企业领导要学会安排自己的时间。

下属能完成的任务，尽量放手让下属去做。比如，作为管理者，能复印文件，但是复印文件会浪费宝贵的时间，因此可以让秘书完成这项工作。

(3) 授权是为了找替身。雍正皇帝在临终之前说过这样一句话："古今成大事者，找替身为第一。"什么是替身？作为管理者，这件事情我能管，下属也能管好，那就交给下属去管。下属就是领导的替身，他可以代替领导负责管理、指挥、调度、协调和控制。

(4) 授权是为了建班底。班底有两个标志，第一在众人面前有面子、有威严、有威信。第二能够处理企业的大小事务，并且能够出色地完成自己的本职工作。

要想构建班底，除了授权给班底成员外，同时，班底成员还需承担相应的责任。

2. 授权的原则和技巧

有效的授权是一项重要的管理技巧。为获得最佳成效你必须掌握以下授权原则：

(1) 收放自如原则。管理者在授权时，一定要保留关键的决策权。这个关键的决策权就是可以对获权者的控制权和适当的否决权，以此保证授权的收放自如，不至于出现权力失控的情况。

(2) 掌控局面原则。

(3) 约法三章原则。很多企业的老板和我谈论到这件事时，总抱怨授权等于乱套。所以，授权前要约法三章：掌控核心资源、不失控、看住人。

核心资源对于国家而言是什么？是军权。那么，企业的核心资源是什么？是人事权。掌握住人事权就掌握了一切。所以，要想不失控就必须掌握核心资源。

看住人，最大的敌人往往是你身边的内奸，所以，建班底时，要擦亮眼睛。

在实际工作中，不论是企业领导、主管、基层主管，还是班组长，都需要建班底。严格意义上讲，班底对于越高层越重要，所以，建班底要做到以下三点：

(1) 互补。互补包括能力互补和性格互补。能力互补，比如，一个技术型老板，在建立班底时，需要一些懂管理的成员。又比如，一个管理型老板，在建立班底时，既需要懂得生产的成员，又需要懂得技术的成员。

性格上互补，比如，作为企业管理者做事稳重，为人仁慈，在建立班底时，需要敢说敢干，敢打敢拼，敢于承担责任的成员。

(2) 成熟。成熟有两个标准：第一，有阅历；第二，有成熟的世界观。通俗地说，如何看待金钱，如何看待事业。

(3) 忠诚。班底成员必须忠诚领导，忠诚企业（在后面要单独阐述）。忠诚表现为以下两点：①敬业。作为一名企业员工，具备敬业精神，是做好工作的精神动力，这样才能在工作中更好地体现自己的人生价值。而对一个企业而言，员工的敬业精神将决定企业的命运。在企业里，员工敬业精神越强，工作效率就越高，企业的竞争力也越强。②学会感恩。感恩是一种处世哲学，是生活中的大智慧，更是一种生活态度，是一种美德。如果人与人之间缺少感恩，必然导致人际关系冷淡。对于员工，企业要学会感恩。因为，没有他们辛劳付出，企业也不会有今天的发展；对于企业，员工也要学会感恩。因为，没有企业的栽培，今天，你或许什么都不是。

建班底必须要考虑互补、成熟和忠诚，因为，建班底也是一个授权的过程。

3. 授权的有效监控

授权要有明确目标和目的，要明确权限范畴和游戏规则，没有监控的权力必然滋生腐败。

监控要做好三件事：第一，评估。看你是否适合。第二，监督。第三，决定。考虑是否任用你。

其实，正确的控制并不是做间谍，也不是束缚下属的手脚。正确的控制应该是相对的、有原则的。

授权之后，经常会发生“弄权”或越权现象。

怎么处理这些问题呢？在实际工作中，可以掌握三条原则：第一，找他谈话，容忍他，这是出于人性的考虑。第二，注意观察。因为授权并不是管理者的错误，而是被授权的人是否有能力处理工作中的各项任务。第三，决定去留，如果被授权人不知悔改，只能将他开除。

▲机制领航

雅芳（中国）有限公司的人才整合

雅芳(中国) 有限公司相对于其他的外企来说，是个很“人性化”的公司，其人才机制可归结为四点：

1. 保留人才下本钱：雅芳在 1998 年由直销转型时，曾一度陷入危机。为留住人才，公司在寻求解决问题的方案时，引入住房福利并为关键员工提供优厚薪酬。这在市场不景气的 1998 年，雅芳的人才流动率只有 14.9%，保持了在人才市场上的竞争力。

2. 投资于人不吝啬：雅芳对刚毕业大学生的培训长达 1 年，而见习人员的培训也有 6 个月。对于表现优秀的员工，公司直接送他们到国外学习EIBS（企业智能商务系统）和其他各种 MBA 课程。公司员工还可以选择攻读其他与工作相关的课程，费用全部由公司支付。

3. 奖励成绩不小气：雅芳对员工的奖励在业界是罕有的，每年评选全球销售奖得主和 CEO 奖励计划得主，最高奖金相当于 3 年的工资，这在人才市场上颇具竞争力。

4. 鞭策激励不松劲：雅芳推行 PDP（绩效发展计划），其绩效考核精细到 1 分，定期对员工的工作目标和实际表现、成绩作出评价。对经理人员的考评尤其严格，不单看业绩，还看是否有效使用 PDP 工具考评下属，形成共识并以书面形式表达等，若在总体满意程度之下，不发奖金，亦不涨薪，而以违规方式处罚，比如，以不正当方式促销产品提升业绩，扰乱市场，影响公司长远利益的，视情况严重程度给予停薪停职或降薪降职处理。

第八章　管理、把握肯干的资源

专家点悟

企业精英就是骨干力量，就是中流砥柱，在选聘时，有无客观标准关系到人才的质量与发展。聘用后还要高度重视员工的职业生涯设计，进行正确的自我分析和职务分析，用好企业内的关键人才，建立台阶机制、使用机制、进步机制，组建接班梯队，使广大员工的利益与企业的利益相统一，使个人前途与企业愿景相统一。

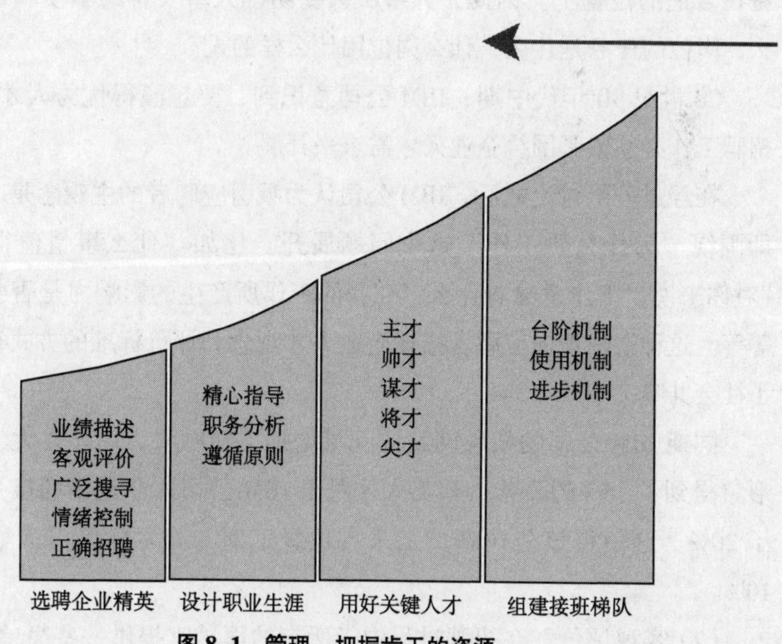

图 8-1　管理、把握肯干的资源

8.1 选聘企业精英

当今时代，人才之争愈演愈烈，企业要获得长足的发展必须依靠人才已成为不争的事实。一个企业要有效地利用人力资源，很关键的一点就是把好选才关，有效的选聘是企业将有用之才招揽到自己麾下的关键举措。

在选聘时，有无客观标准关系到人才的质量与发展。

美国资深猎头卢·阿德勒（Lou Adler）根据20年的招聘经历及对10多万名应聘者的调研，总结出了选聘精英人才的五项措施。这些举措在国内外的领先企业中得到了有效地实施。

（1）业绩描述。依据真实的工作情况制定工作要求。管理大师德鲁克认为，经理人在做用人决策时的风险最大，因为他们负责将合适的人才配备在合适的位置上。因此，人事决策要明确人事安排的本质和目的是什么，岗位的任务是什么，什么岗位用什么样的人。

20世纪90年代中期，IBM公司意识到，要想赢得优秀人才的青睐，招聘工作必须紧紧围绕企业人才需求来开展。

在经过若干讨论之后，IBM公司认为吸引应聘者的主观念是“敬业”，即围绕“为什么要工作”这个问题展开。比如“什么事情值得去做？”“对你来说，工作意味着什么？”“我的工作所产生的影响力是否会持续？”等等。这种清晰地向应聘者描述企业人才观念和评价标准的方式很快引起了社会共鸣。

同期IBM公司的招聘网站访问量增加了2000%，IBM在大学生中的形象得到了15%的改善，精英人才对于IBM公司入职邀请的接受度上升了20%。这使得该公司新员工来自顶级工商与技术学院的人数上升了10%。

（2）客观评价。在招聘过程中，所有的面试官提供一些简单易学的、可以用来准确评价应聘者能力的问题。

例如，宝洁公司面试时，采用经典 8 大问。比如，请你举一个具体的例子，说明你是如何设定一个目标然后达到它；请举例说明你在一项团队活动中如何采取主动性，并且起到领导者的作用，最终获得你所希望的结果；请你描述一种情形，在这种情形中你必须去寻找相关的信息，发现关键的问题并且自己决定依照一些步骤来获得期望的结果等。

这些问题就是客观评价应聘者的典型流程。

(3) 广泛搜寻。了解是什么因素促使精英人才考虑接受一项工作，然后，围绕这些需求建立搜寻人才策略。

例如，中兴通讯公司提出了“以一流的标准选聘和培训员工”的理念。公司非常明确自己的需要，“一流人才就是在某一专业领域里位列国内前 5%”。因此，中兴通讯公司有针对性地扩大其搜寻面。

随着招聘的积累，招聘方式的不断多元化，中兴通讯公司的 1 万多名员工挑选自 10 万多名面试人员，而 10 万多名面试人员则产生于 30 万~50 万份简历。

(4) 情绪控制。学习如何克服过度依赖直觉与情绪来做出选人决策的自然倾向。在面试过程中，往往由于面试官的个人喜好，从而影响了对应聘人员的正确评价。因此，不同专家参与的多阶段结构化面试是控制情绪因子的较好策略。

丰田公司的“全面招聘体系”分为六个阶段进行。第一阶段，委托职业招聘机构对应聘者进行初选。第二阶段，在此基础上对应聘人员的基本能力和职业态度进行心理测试。第三阶段，丰田公司正式接管后续招聘流程，依次采取小组讨论和集体面试的方式筛选员工。第四阶段，前三关都通过的人员将参加身体检查。第五阶段，更为严格的入职工作表现和发展潜能评估。第六阶段，能顺利通过这一连串严格考验的人员才能成为丰田的正式员工。

在这一系列对应聘人员的考察中，第三方参与、多角度、多专家考察等方式基本上可以摒除人为主观因素的影响。

（5）正确招聘。员工是独立的有感情的个人，而不是“资产”或“资源”。因此，在入职面谈时，应该采用协商的方式进行。

IBM 公司在大中华地区每年安排 6 万天的学习时间，所需费用占公司营业额的 1%~2%，整个大中华地区的雇员将近 6000 人，这就意味着，每人平均每年的学习费用是 3000 美元。而事实上，培训新人的费用要比平均数高得多。即便如此，IBM 公司也不会“强留人”，公司的理念是留“心”比留“人”更重要。

因此，公司在与新人的面谈时更多的是采取协商的方式，向他们阐述公司的企业文化、环境和发展空间，而不会采取“金钱”的方式做交易。

8.2 设计职业生涯

一个优秀的人才对于自己在一个企业长期的发展前景是非常重视的。他们如果没希望看到自己职业的发展和提升，往往会“心恍思走”、“择木而栖”。

许多企业管理者往往不能理解为什么要进行员工的职业生涯规划，他们主观地认为，员工的职业生涯规划是员工个人的事情，与企业无关。

这实际上是一个严重的认识误区，他们没有意识到，除了协助员工达到个人目标外，更重要的是，使员工个人的发展目标与企业的发展路线相一致，以此来实现员工与企业双赢的局面，充分体现出孔子的“己欲利而利人、己欲达而达人”的思想。

因此，关心员工的职业发展前途是最有效的激励措施。

韩国著名企业家李秉哲将 90%以上的精力都用在“因才施用”上，把人力资源开发摆在首要位置，表现出了卓越领导者的眼光，是值得各位企业管理者效仿的。

1. 精心指导员工，确定个人职业生涯计划

只有高度重视和关心员工的职业发展前途，设计好一个完整的事业发展阶梯，才能使广大员工意识到自身的利益与公司利益相一致，个人的命运和公司发展前途密切联系在一起。

适当地参与人才的职业生涯规划可以使企业及时掌握人才职业发展动向，了解人才的需求、能力及自我目标。

调和存在于现实与未来的机遇和挑战间的矛盾，充分挖掘其潜力，使员工安心于企业工作并发挥自身的最大潜能，保持企业与人才持续发展的良好态势。

职业理想在人们职业生涯设计过程中起着调节和指南的作用。一个人选择什么样的职业，以及为什么选择某种职业，通常都是以其职业理想为出发点的。任何人的职业理想必然要受到社会环境和社会现实的制约。

社会发展的需要是职业理想的客观依据，凡是符合社会发展需要和人民利益的职业理想都是高尚的、正确的，并具有现实的可行性。因此，员工应把个人志向与国家利益和社会需要有机地结合起来。

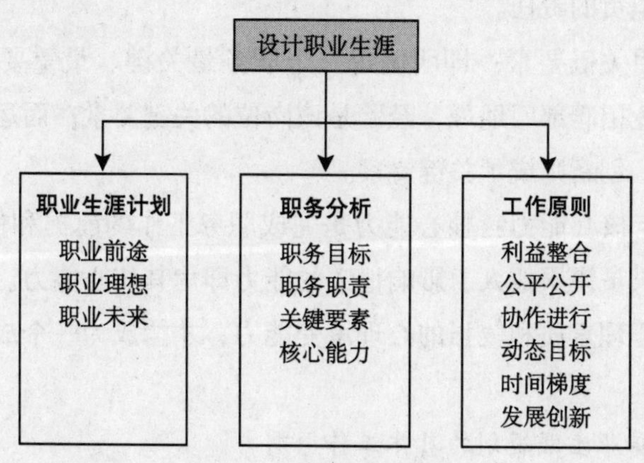

图 8-2 设计职业生涯

2. 进行正确的自我分析和职务分析

（1）通过科学认知的方法和手段，对自己的职业兴趣、性格、能力等进行全面认识，了解自己的优势与特长、劣势与不足，避免设计中的盲

目性。

(2) 现代职业具有自身的区域性、行业性、岗位性等特点。所以，需要深入了解该职业所在的行业现状和发展前景，构建合理的知识结构。比如，人才供给情况、平均工资状况、行业的非正式团体规范等。另外，还需了解职业所需要的特殊能力。

企业应重点培养满足社会需要的决策能力、创造能力、社交能力、实际操作能力、组织管理能力和自我发展的终身学习能力、心理调适能力、随机应变能力等，并通过职务分析，把每个职务的性质、任务、责任、权力、工作内容等用书面记录下来即成为企业的职务说明书。

企业在制定职务说明书时必须要解决以下几个问题：

(1) 描述职务目标：企业中不同的职务有不同的目标，描述职务目标应遵循 3W 法，即为什么要设计本职务（目的）——Why；职务有多大权力（职权范围）——Within；本职务主要做哪些工作(工作内容)——What。

(2) 确定职务职责：仅仅描述职务工作内容还远远不够，还需要确定保证工作内容高效率完成的职责。职责应按照由主到次顺序书写，用关键词描述所应担负的责任。

(3) 指明关键要素：即明确每一个职务最关键、最重要的要素。比如，新建企业招聘部门经理，经验是该岗位的关键要素；而运转成熟的企业部门经理，创新则成了关键要素。

(4) 规定核心能力：核心能力是完成职务工作的前提和保证。比如，企业的销售人员说服他人、影响他人的能力即为其核心能力。因为，只有具有较好的心理素质和较强的心理承受能力，才能成为一个成功和出色的销售人员。

3. 遵循职业生涯规划的具体工作原则

(1) 利益整合原则。利益整合是指员工利益与组织利益的整合。这种整合不是牺牲员工的利益，而是处理好员工个人发展和组织发展的关系，寻找个人发展与组织发展的结合点。

每个个体都是在一定的组织环境与社会环境中学习发展的，因此，个体必须认可组织的目的和价值观，并把他的价值观、知识努力集中于组织的需要上。

(2) 公平、公开原则。在职业生涯规划方面，企业在提供有关职业发展的各种信息、教育培训机会、任职机会时，都应当公开其条件标准，保持高度的透明度。

这是组织成员的人格受到尊重的体现，是维护管理人员整体积极性的保证。

(3) 协作进行原则。协作进行原则，即职业生涯规划的各项活动，都要由组织与员工双方共同制定、共同实施、共同参与完成。

职业生涯规划本是好事，应当有利于组织与员工双方。但如果缺乏沟通，就可能造成双方的不理解、不配合以致造成风险。因此，必须在职业生涯开发管理战略开始前和进行中，建立相互信任的上下级关系，共同实施职业生涯规划。

(4) 动态目标原则。一般来说，组织是变动的，组织的职位也是动态的。因此，组织对于员工的职业生涯规划也应当是动态的。

在“未来职位”的供给方面，要注重员工在成长中所能开拓和创造的岗位。

(5) 时间梯度原则。由于人生具有发展阶段和职业生涯周期发展的任务，职业生涯规划与管理的内容就必须分解为若干个阶段，并划分到不同的时间段内完成。

每一时间段又有“起点”和“终点”，即“开始执行”和“完成目标”两个时间坐标。如果没有明确的时间规定，会使职业生涯规划陷于空谈和失败。

(6) 发展创新原则。发挥员工的“创造性”，在确定职业生涯目标时，应发挥员工的“创造性”。职业生涯规划和管理工作，并不是指制定一套规章程序，让员工循规蹈矩、按部就班地完成，而是要让员工发挥自己的能力和潜能，达到自我实现，创造组织效益的目的。

还需注意的是，一个人职业生涯的成功，不仅仅是职务上的提升，还包括工作内容的转换或增加、责任范围的扩大、创造性的增强等内在质量的变化。

8.3 用好关键人才

比尔·盖茨曾告诫人们："谁要是能挖走微软最重要的几十名员工，微软就完了。"关键人才的重要性可见一斑。

企业内的关键人才就是在战略部署和经营管理中起决定作用的主才、帅才、谋才、将才、尖才，他们引领团队的行为方向和文化氛围，是将领、标兵、楷模。

（1）主才。企业的主才是老板、董事长、总裁。主才往往高瞻远瞩，海纳百川。这种人站得高，看得远，统揽全局。只能做具体事，他不一定是一个很好的总裁，要择人而任势。《孙子兵法》里曾提到"求之于势，不责于人，故能择人而任势"，这是对主才的要求。

主才要知人善任，求贤若渴。一个美国记者在评价毛泽东为什么成功时说，毛泽东是做到了两个得当：第一个得当是战略得当；第二个得当是用人得当。战略及其部署很准，同时用人也看得非常之准。

从企业的角度来看，毛泽东的班底，有两位非常重要的成员——周恩来和朱德，一文一武，做到了互补，做到了成熟，也做到了忠诚。毛泽东有这样铁打的班底才会有铁的事业，才会有铁的领导。

（2）帅才。帅才指的是分公司的老总，办事处的经理。他能独当一面，排兵布将。这种人要有一定的谋略。比如，老板让我做分公司经理，一年以后，我要扭亏为盈，两年以后我让企业步入500万元的资产规模，这是帅才。

帅才和主才的关系非常微妙。因为，帅才功劳过高，有些人会拥兵自重，功高盖主。在企业里，亦是如此。所以，有时他不听指挥，居功自傲。

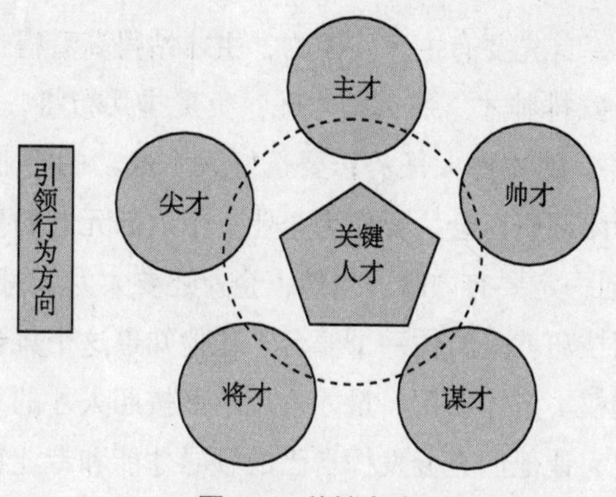

图 8-3 关键人才

比如，很多人都认为是秦桧杀害了岳飞，秦桧有这么大的权力吗？到底是谁杀的？是皇帝赵构。因为，岳飞犯了三大忌，第一大忌，拥兵自重。岳飞的军队称岳家军，宋朝的军队凭什么称岳家军？第二大忌，岳飞上表皇帝，要立太子。立太子本是皇族之事，一个将军能干涉吗？第三大忌，岳飞建议把老皇帝从金国接回宋朝。天无二日，国无二主，皇帝能答应吗？所以，赵构能不杀了他吗？岳飞之死，只不过是赵构借刀杀人的诡计而已。

（3）谋才。谋才在古代又叫幕僚，也叫门客。谋才能够帮助主才进行战略规划、布局和造势，出谋划策，分析利害得失，化解危机，做好参谋，临机谋断。

诸葛亮就是一个很好的谋才，他建议刘备三分天下，制定先王蜀，后王天下的宏图大业。

国外稍有规模和实力的企业都有咨询公司，咨询公司就是谋才。目前，有一些上市公司就有独立的咨询服务公司，因为，它有一套独立的操作系统帮助企业构筑蓝图。以它的专业、谋略来帮企业做决断。

（4）将才。将才就是指企业的部门主管。他身先士卒，负责安排工作，安抚众人，统一思想。

（5）尖才。这种人积极热情、工作努力、任劳任怨，是群众的榜样。

在企业当中，首先要有主才。因为，主才站得高看得远，能够把握方向，调配资源，安排帅才。那么帅才呢？负责排兵布将，一个企业当中，将才要多多益善，帅才择人任势，要选好人。成功的企业要有谋才，比如，董事会或者内部研讨会，要作为企业一个内部元老的幕僚机构，可以没有“外脑”，但一定要有内脑。当然，企业还要大力地树立标兵、尖才。

用人最大的技巧就是给他一个舞台，让他知道这个舞台的长宽高，不能越界、不能越权。量才使用、量才重用才能按照人才的不同特点和特长安排合适的岗位，让他们充分发挥自己的领导才能和专业特长，最终实现准确用人。

8.4 组建接班梯队

企业的职业经理人都要有考核、培养人才的能力，不能把培养人才重担压在领军人物一个人的身上，这对企业发展不利。同时，为了培养人才，我们必须重视梯队接班，要有育人的机制：

(1) 要有人才成长的台阶机制。比如，作为企业管理者，缺乏生产部经理，需从车间主任中挑选，把他定位成生产部经理。一个南方区业务总监刘林密先生曾说，助理的职责叫 1 到 99，能力小的时候，负责 1%；能力大的时候负责 99%，我觉得真有道理。这样做弹性极大，让他负责 1 就是 1，负责 99 就是 99，这就是助理的好处。

(2) 要有拔高用人的使用机制。你必须学会拔高用人，对人不能吹毛求疵。如果企业既做好招聘乃至于空降人才的保护工作，又培养好人才，就会人才济济，不会无人可用。

(3) 要有后来居上的进步机制。经过企业培养后，部分员工不但能胜任本职工作，而且对身边其他员工工作还能提供指导和帮助。在这种情况下，应考虑后进员工职位和薪酬的重新定位问题。过去职务晋升靠年限，

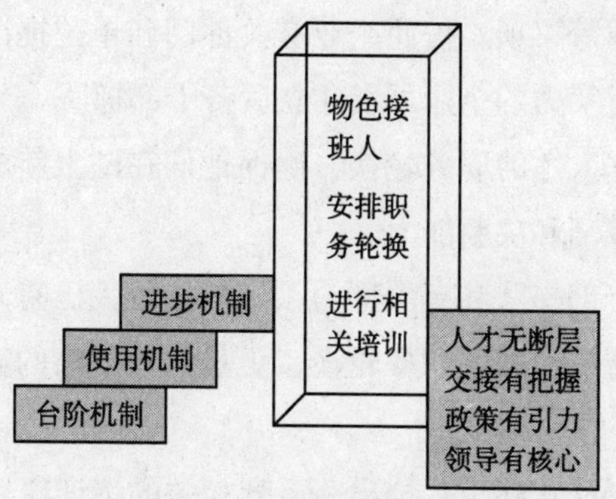

图 8-4 组建接班梯队

现在靠能力、靠贡献。一个具备职业经理人素质的员工一定会被企业发现并委以重任。

人才梯队化建设是企业人才战略的重要组成部分，具体应该达到以下目标：

（1）人才无断层：当企业内的某个职位由于公司业务的变动、前任提升、退休或辞职等原因出现空缺时，应保证有 2~3 名的合适人选接替这个职位。

（2）交接有把握：离职的前任与后任要顺利交接，业务不能断档。要保证目前的人选确实胜过他的前任，这点解决得越快越好，不能拖得太久。

（3）政策有引力：对内完善配套的薪酬政策及绩效考核体系，对外广为宣传招贤纳才的企业形象，这样才能招到一流的人才。

（4）领导有核心：企业自上而下紧密地团结在领导班子周围，领导成员在员工心目中享有很好的信誉，使下属们任劳任怨、心情舒畅。

企业的高层决策者与人力资源部门的最终目标是一致的，就是要使企业变成一个人才济济的地方，使企业拥有一流的员工队伍。

企业若想建立一支合格的人才梯队，就必须明确自己当前及未来所需的人才种类。

建立一个良好的人力资源体系，专门负责人才的招募、甄选、安置、培训、奖励和挽留等事项。按照企业有关部门和单位提出的用人计划物色合适的接班人，有实力的企业可以建立后备干部梯队。

公司要安排好人才的职务轮换，确保他们在踏上新的领导岗位时已经有足够的经验、技巧和决断能力。

正因为后备干部梯队和有关部门领导的接班人已有人选，所以，按照实际工作需要进行有目的的职务轮换，更是人才战略的实施步骤，其结果必然是招之即来、来之能战。

要适应人才梯队化建设，推出一系列相关的培训项目。

凡是在以上诸方面表现优异的企业，都可以认为它们已经有了自己的人才培训计划。

与梯队化建设相配套的人才培训计划应该有四大特点：

(1) 对未来几年内企业的人才需求有非常清晰的认识。

(2) 有明确的培训路线和实战课程设计，可以充分发掘人的潜力，把他们塑造成一流人才。

(3) 有相应的人力资源体系和方案，以便把人才看不见摸不着的潜力转化为实实在在的业绩。

(4) 还有一整套计划来保证人才的培养，以及人才主管们尽职尽责。

有了这种特定的人才培训计划作基础，企业的人才梯队就可以不断补充进大有潜力的员工，定期评估他们的能力，把他们放到不同的职位上加以实战锻炼，条件成熟后，及时提拔到更高的职位。

若想让人才梯队保持一个良好的状态，不至于出现人才断层，公司要利用各种绩效管理工具和全方位评估方法以及必要时的大范围专家评估等方式对员工的能力进行考察评比。

▲公平机制

联想：决不让高绩效者吃亏

联想通过对直接销售采取高风险、高回报的考评方式，强调业绩导向，强调“决不让高绩效者吃亏”，大大激发了销售人员的工作热情，解放了销售生产力。2004 年 4 月初，联想集团开始启用以业绩为导向的销售激励与绩效考核改革方案。

第一阶段：方案设计。

以人力资源部、企划部以及各业务单元负责人等几方面人员组成专门的项目小组。由小组成员设计既要符合业界通用做法，又能兼顾联想自身实际情况的考核方案。方案既要简洁清晰，让销售人员易理解、易记忆，还要能够充分及时体现公司各项重点销售战略。

第二阶段：方案实施与完善。

方案形成后，先在部分管理基础好的业务部门进行试点，然后推广到全集团。而各个考核指标、销售目标等都需要经过反复地权衡，不断地修正，使得最终的薪酬回报率既能激励销售人员的热情，又能保证公司整体薪酬水平的内部公正性。

第三阶段：方案的稳定和维护运营。

方案经过一年的运行和完善，整个销售考核已经形成相对完善和成熟的系统。

现在公司考核管理的整体效率得到大大提升，以往季度销售考核激励方案在当季度的首月 15 日发布，而目前，由于有了固化的流程和内容框架，方案发布时间也由原来的 15 日提早到 5 日完成。

经过 2004 年一年的实施和运行，新方案取得了良好效果，员工认可率达到 84%。

第九章　协作、凝聚肯干的合力

专家点悟

人际关系的管理和修炼，将是企业管理当中非常重要的一环。作为职业经理人，如果没有良好的人际关系，就会出现同级之间相互排挤，上下级相互拆台的局面。因此，要争取各方面支持就应学会与人为乐、与人为善、合作共享。

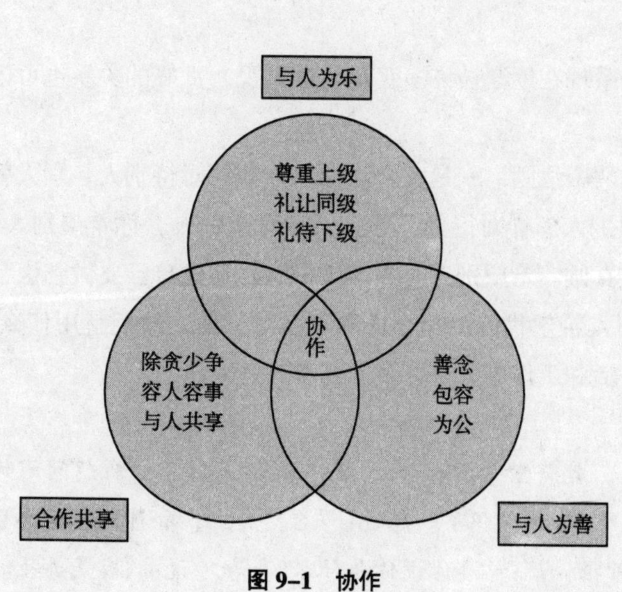

图 9–1　协作

9.1 与人为乐

高素质的职业经理人应具有多方面的优势，不仅拥有专业的管理知识和丰富的实践经验，更重要的是有自己的创造性思想；不仅具有人力素质，更重要的是要有与人为乐的胸怀，处理好与上级、同级、下级的关系。在以前的企业管理书籍和企业的理论当中，很多人都忽略了这一点。

我认为，人际关系的管理和修炼将是企业管理当中非常重要的一环。作为职业经理人，如果没有很好的人际关系，同级之间会排挤你，下级会打你小报告，上级会压迫你。

人脉如同血脉，四通八达、错综复杂的血脉网络，如果没有人脉，很难成就事业。所以，必须处理好人际关系，它是企业管理当中最重要的部分之一。

人际关系现在逐渐被许多管理学者重视，良好的关系也可以转化成生产力。

西方有两个法则，一是黄金法则：你如何对待别人，别人就如何对待你。你希望别人怎样对待你，你就怎样对待别人。你希望别人对你真诚，就要对别人真诚。希望别人对你谦虚一些，首先自己要做到谦恭。二是白金法则：别人希望我们用什么样的态度对待他，我们就用什么态度。

实际生活和工作中，有许多人都奉行这一法则。

有一天，乾隆皇帝问和珅："有人说你是奸臣，我想问问你到底是忠臣还是奸臣啊?"和珅想了一想说："启禀皇上，和珅既不是忠臣，也不是奸臣。"皇帝很惊讶："那你说你是什么?"和珅说："我是弄臣。只要皇帝您高兴的事情、您吩咐的事情我就做，您不高兴的事情我就不做，我不管是不是好事情。所以，我的原则就是您高兴奴才心里就高兴，要是您不高兴是做奴才的罪过。"他就彻头彻尾地奉行了白金法则。

不论是黄金法则还是白金法则，都有其一定的道理。对于白金法则和黄金法则，我们推导出来三个方法（对企业而言）：

第一，我们要尊重上级；第二，礼让同级；第三，礼待下级。

学会尊重上级，这是聪明的下属。实际工作中，存在一些跟上司之间争强斗狠的主管，这种人不太聪明，而且也不符合我们的组织原则。

礼让同级，就是让同事具有安全感。部门和部门之间，最大的担心是什么？是互相排挤。所以，要让同事有安全感。

礼待下级，要让下属有一种责任感和成就感。只有这样，他才会努力地工作。所以，当下属出色完成某项工作时，主管切忌推过揽功，否则，下属对你会生恨意。支持有时要比硬性管理更有效，而且对他的支持会赢得忠心。所以，要让下属忠心耿耿，不是由于仅仅给他一点小恩惠，而在于要支持他。支持包括工作方面的支持和非工作的支持。

华罗庚原是中科院数学研究所的所长，当时的陈景润是一个研究员，华罗庚安排几个人一组研究一些数学课题，陈景润不同意，建议每个人独立研究课题。当时提出这样的要求不符合组织原则，但是，华罗庚支持了他的想法。正因为华罗庚的支持，陈景润才能自由发挥个人的研究水平，成功攻克"1 + 2"命题。

工作的支持主要是让领导从台前走向幕后。要想做成大事业，必须学会隐藏自己，学会韬光养晦。这样，工作起来非常顺利。而非工作支持，包括帮下属争取待遇，给他晋升机会，等等。

9.2 与人为善

一位成功的企业人士曾说过："身居黄金地，不沾铜臭气。"我很赞同他的观点，人一定要有一种比黄金更加珍贵的品德。

企业的品德是什么呢？是与人为善。

儒家的德指的是什么呢？首先指的是仁，仁就是仁爱，就是仁爱之心。人要有一颗仁爱之心、恻隐之心和怜悯之心。仁是儒家思想体系最重要的思想。其次是义，有舍己为人的精神。再次是乐，乐指的是志向。比如，修身、齐家、治国、平天下。除了仁、义、乐，最后是恭。恭指的是端庄，即坐有坐相，站有站相，坐如钟、站如松、行如风，指的就是端庄。

为什么要谈儒家的德呢？我们中国人身上有浓厚的儒家文化、中庸文化。

那么，企业的德是什么？在选择企业人才和任命干部的时候，我们需要画一个坐标，横轴代表能力，纵轴代表品德。品德高尚，办事能力强的人，我们应该重用。办事能力强、品德差的人，我们应慎用。而品德低下，能力又差的人，坚决不用。

在企业当中究竟什么是品德呢？可以用四个字概括，与人为善。

与人为善有三条标准：第一，善念；第二，包容；第三，为公。

什么叫善念呢？

(1) 对己要克制。作为企业主管，要学会克制自己，不要胡乱发号施令，否则会招来下属的反感。同时，还需要戒骄戒躁。

(2) 对人要感恩。学会感谢领导，感谢下属。

(3) 对事要尽力。做事有几个层次，第一个是勉力而为。第二是尽力而为。第三是尽心尽力。

(4) 对物要珍惜。要学会节约，不能因为是集体的就浪费，不能因为是公司的就故意损害。

唐太宗李世民，是我国历史上颇有政绩的一位开明皇帝。他的许多为政之道，为后来者称赞、借鉴并仿效。

李世民非常厌恶官吏受贿，他处分受贿官吏的方法颇为独到。将军长孙顺德接受了别人的赠绢，事情败露，在朝廷上，李世民却赏赐他几十匹绢。许多大臣不解，以为是在助长贪欲。李世民却说：“如果他尚有廉耻，我赐他绢，那耻辱比受刑还要难受。如果他不知羞愧，不过是禽兽而已，杀也无益。”果然，长孙顺德万分羞愧，众臣也深有感触。

在重用和尊敬功臣的同时，李世民还非常注意对他们的统辖，决不允许他们居功自傲。

尉迟敬德为李氏江山出生入死，立下了汗马功劳，深得李世民的信任。但他经常盛气凌人，骄纵无比。一次酒宴之上，尉迟敬德竟然殴打任城王李道宗。见敬德如此放肆，李世民十分不悦，决心教训他一下，以示君威。他对敬德说：“朕要与你同享富贵，而你却居官自傲。你可知汉朝韩信、彭越为何被杀？那并不是汉高祖刘邦的过错。”敬德这才害怕，从此大有收敛。

李世民是一位马背上得天下的皇帝，却深谙治国之法。“贞观之治”作为中国历史上少有的繁荣盛世，出现在李世民手中绝非偶然。李世民坚持以诚待人、以礼警人，是他能大得臣民之心的重要原因。

世界上没有比真正地了解一个人的本性还要困难的事情。每个人的善、恶程度不同，本性与外表也不一致。有些人外貌温良却行为凶狠；有些人情态恭谦却心怀诡计；有些人似乎已竭尽全力但实际上却另有所图……

了解一个人的本性可以采取以下办法：

用离间的办法询问他对某事的看法，以考察他的志向、立场；用激烈的言辞故意激怒他，以考察他的气度、应变的能力；就某个计划向他咨询，征求他的意见，以考察他的学识；告诉他大祸临头，以考察他的胆识、勇气；利用喝酒的机会，以考察他的本性、修养；用利益对他进行引诱，以考察他是否清廉；把某件事情交付给他办，以考察他是否有信用，值得信任。

9.3 合作共享

作为职业经理人要与下级员工合作共享：

1. 宽容

纪伯伦曾经说过：“一个伟大的人有两颗心，一颗心流血，一颗心宽容。”的确，伟人之所以伟大，不是因为他有一颗流血的心，而是贵在他有一颗宽容之心。

在企业当中，宽容地对待他人，就能心平气和地工作。宽容，对人对己都可称为一种无需投资便能获得的精神补品。学会宽容不仅能够赢得他人的友谊，更能赢得他人的尊重。

2. 少争

其实人做不到不争，要学会公平地争、公正地争。

3. 除贪

下面的这首诗，就是人生贪婪的一个真实写照：

千里奔波只为饥，方才一饱便思衣。
衣食两般皆俱足，又想娇容美貌妻。
娶得美妻生下子，苦无粮田少根基。
购了粮田多广阔，出入无船少马骑。
槽头扣了骡和马，苦无官职被人欺。
县丞主簿都嫌小，又想朝中挂紫衣。
做了皇帝求仙术，羡慕神仙跨鹤骑。

著名画家凡·高曾说过：“贪婪是个丑恶的字眼，但魔鬼不放过任何一个贪婪的人。”

佛教说贪、嗔、痴是苦的根源。这三种令人痛不欲生的根源，贪婪排在第一。可见，贪婪是害人不浅的魔鬼。

有了钱，贪恋拥有更多；有了爱，希望获得更多。人生路上，虽然边行走边左拥右抱，但总是觉得不够，不够，还不够。这样的人注定与恐惧、提心吊胆为伴，他们的生活并不如常人想象的那么幸福。

我认为企业里的德有三点，确切地应该叫除贪、少争和容人，这是企业任用干部、考察干部品德的一个标准。

《水浒传》中描述的一百零八条好汉中，由谁来领导？宋江。为什么？在这些人当中，宋江是最没有英雄气概的一个。但他有“义”，笼统地说，他有“德”，他是以德服人。

《西游记》中，孙悟空本领最大，办事能力最强，按照有能力的标准，应该由孙悟空带领这支团队。虽然孙悟空能力超强，但他惹是生非，不守纪律，这样的人不适合当领导。唐僧虽无降妖除魔的能力，但他有德，他能够带领好这支团队，取得真经。

所以说评价一个干部的标准，品德是非常重要的。

合作共享要求我们做到：第一，共享成绩；第二，共享奖励。只有这样，这支团队才有凝聚力。

国际著名的“华盛顿合作规律”提到：“一个人敷衍了事，两个人互相推诿，三个人则永无成事之日。”人与人的合作，不是人力的简单相加，而是复杂和微妙得多。

合作过程中，假定每个人的能力都为 1，那么，10 个人的合作结果有时比 10 大得多，但有时，甚至比 1 还要小。因为每个人都像方向各异的能量，相互推动时自然事半功倍，相互抵触时则一事无成。

第十章　控制、瞄准肯干的全程

专家点悟

职业经理人要学会放权，但同时要学会控制，如果部门失控了就是失职。

控制过程分为三大类：第一大类叫做事前控制，第二大类叫做事中控制，第三大类叫做事后控制。要求职业经理人学会目标管理、过程控制和考绩模式。在实施中学会塑造氛围、制定机制、树立威信。

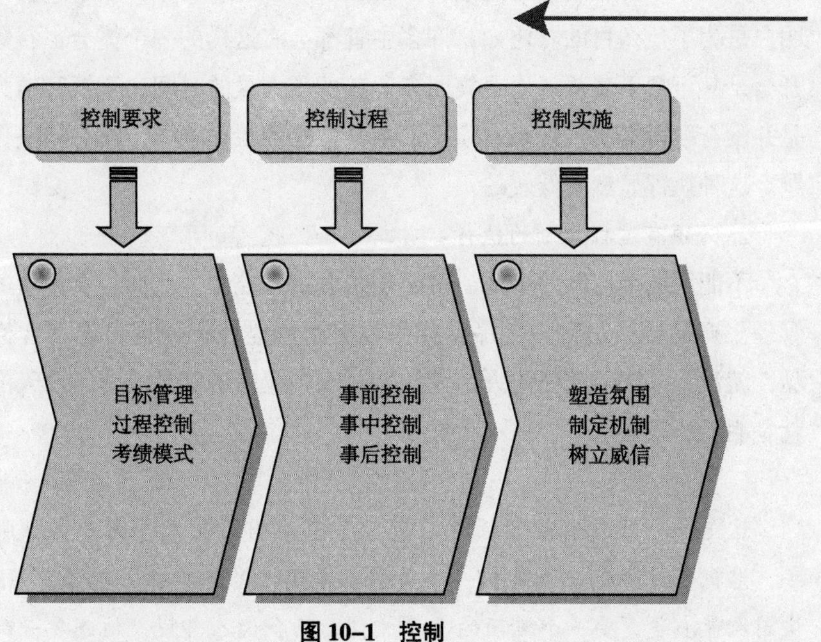

图 10–1　控制

10.1 控制的要求

一个优秀的职业经理人，应当具备掌控能力，随时随地控制好你的部门。要想带领一支高效的团队，需要着重思考三个问题：第一，是否有目标管理；第二，是否有过程控制；第三，是否有一套考绩模式。为了防止企业运营的损失，要实行以下控制：

1. 要有目标管理的执行

从严格意义上讲，企业都有目标，至少有一个比较模糊的目标。比如，赚钱、赚更多的钱。按照这个推理，企业的任何行动都应该围绕这个目标。因为，目标应该包含三个方面的意义：目的、方向和量化。所以，企业行为中每件事情都应该有目的、方向和量化。

但是，事情远远不是这样。在企业的很多行动链中，当事人自己都不明白是为了什么目的。比如，许多主管都会有这样的一个体会：召集下属开会，甚至把下属从各地召集回来，花费了大量的时间、金钱和精力，但是并没有取得实质性效果，除了汇报日常性的工作之外，没有解决任何问题。这种执行显然是低效的。

2. 必须有过程控制的执行

不能用结果控制的事情，就必须采取过程控制。比如，企业里的品质管理。产品要经过许多工序，如果没有过程监控，一旦出现不合格的产品，就没有办法追究任何人。其结果对于企业来讲都是浪费，今天的过失就是明天的悲剧。

这是一个非常有趣的故事。有三个不同国籍的人在同一监狱服刑三年，监狱长让他们三人各提一个要求。美国人爱抽雪茄，要了三箱雪茄。法国人最浪漫，要一个美丽的女子相伴。而犹太人却说，他想要一部与外界沟通的电话。

三年后，第一个冲出来的是美国人，嘴里和鼻孔里塞满了雪茄，大喊道：“给我火，给我火！”原来他忘了要火了。接着出来的是法国人，只见他手里抱着一个小孩，美丽女子手里牵着一个小孩，肚子里还怀着一个小孩。最后出来的是犹太人，他紧紧握住监狱长的手说：“这三年来我每天与外界联系，我的生意不但没有停顿，反而增长了200%，为了表示感谢，我送你一辆劳斯莱斯！”

虽然这是一个幽默风趣的故事，但它给我们这样一个启示：什么样的选择控制什么样的生活。今天的生活是三年前选择的结果，而今天的抉择将决定三年后的生活。

我们要接触最新的信息，了解最新的趋势和过程，就能更好地创造自己的将来。

3. 必须有评估标准和考绩模式的执行

企业里提倡“责任心”、“积极性”是十分必要的，但是这种软性的要求并不能替代硬性的约束。因为，这是假定人们在提倡之后就会按照要求做好工作，事实上没有人敢于这样相信。

“责任心”和“积极性”都需要必要的理由，即动力和压力。动力是奖赏，压力是处罚。

有一位领导曾向我诉苦，以前他公司的两个人在一小时内能够装一车货，但是现在10个人两小时才能装一车货，抱怨现在员工没有积极性。

其实，真正的原因很简单：以前领导看着这两个人在装货，就使装车的人产生必要的激励，也感受到必要的压力。但是现在领导不会很容易地看到他们每个人的业绩，所以怎么能苛求呢？因此，要解决这个问题就应制订评估的标准。

我曾经为一家公司做一套管理模式，这个管理模式是三组阿拉伯数字，叫“20∶5∶1工程”，解决了这家公司执行力低下的问题，从而提升了各个部门的执行力。这里面既涵盖了目标管理，也涵盖了过程控制，同时它又是一套考绩模式。

比如，一个业务组做销售，我规定这个小组每个月要成交一家客户。为了成交一家客户，我们必须要有五家的重点意向客户。那么，要有这5家的重点意向客户，必须要有20家的意向客户，才能够成交一家。

所以，在考绩模式上，我给这家公司制定了一个积分制，成交一家我积40分，每有一家重点意向客户积4分，一共是20分。但要有20家意向客户，每有一家积2分，又是40分。依此类推，每2分要拉开一个档次，对应不同的收入。

为什么呢？因为，这家公司业务组有一种方向感，如果要有1家成交客户必须有5家重点意向客户。用什么来保证有5家重点意向客户呢？就是要有20家意向客户。这就是目标管理、过程控制加上考绩模式。

10.2 控制的过程

职业经理人在授权的同时，还应学会控制。这里所说的控制，不是要控制每一件事情，而是必须要学会掌控局面。部门的失控意味着管理者的失职。所以，管理者一定要学会控制局面。

控制分为三个步骤：第一，事前控制；第二，事中控制；第三，事后控制。

你若喜欢养鱼，那么，是等到鱼快死的时候再去关心它，还是在平时稍微花点时间给它一点关爱呢？答案很明显，当然是后者。但是，真正能做到的，屈指可数。

作为企业管理者，一定要学会事前控制、事中控制。否则，就很容易失控。

事前的控制要经过分析、预测，然后拿出决定。这三点构成了事前控制的动力。事前的控制目的是在问题发生以前，对程序进行控制以防范未来可能发生的困难为导向。

怎样才能学会事中控制呢？我们应做到以下三点：第一，疏导到位；第二，动员到位；第三，沟通到位。

事中控制主要是经过信息的控制。事中控制是企业管理的一个重要环节。事中控制并不是人盯人的简单控制。

在企业管理中，我们指的控制是指以信息作为载体。

比如，作为企业老板，不管有多少家分公司都无需每天监督员工的工作，要求的是 KPI，规定每周公司员工将报告、报表发送到公司的邮箱，然后两三个月不定期检查一次。

控制就是控制信息：第一，抓执行的路径，看准方向；第二，抓信息。其实，优秀的主管都有一套很好的信息管理模式。其中，信息管理模式包括信息的流程表单的工具。

事中的控制是为了避免“亡羊补牢”。事中控制和核查实际上有点类似。但是控制要比核查更深一步，控制要掌控局面，不能乱套、不能失控。

事后的控制就是看结果。事后控制就是评价结果和做出奖励。

10.3 控制的实施

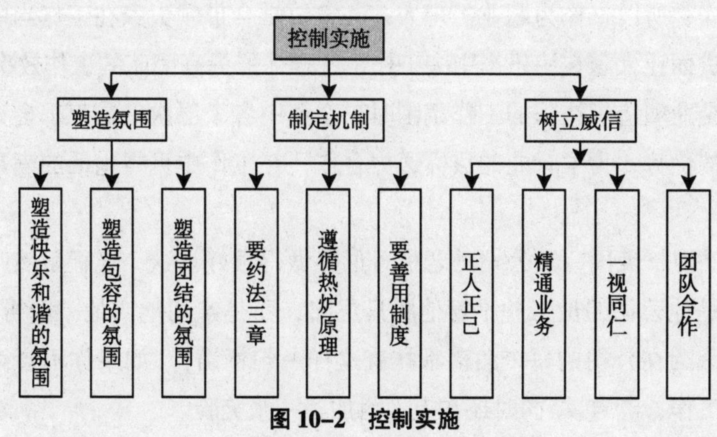

图 10-2 控制实施

1. 塑造氛围

控制要学会有利于管理控制因素当中的塑造氛围。

氛围是企业文化当中最重要的一部分。这是因为：第一，要有快乐和谐的工作氛围；第二，要有包容的氛围；第三，要有团结的氛围。在企业里，要营造好的氛围，领导需要做到以下三点：

第一，领导不发无名之火，这一点前面已经提到。

第二，处理好平行关系，同级之间不排挤。

第三，求得下级的全力支持。

从事管理工作的人员都有这样的体会：当你得到下属的全力支持时，你的管理有效性会更强。其实，下属支持的不同程度，还会影响到管理的效果。这是一种不争的事实。

作为企业管理者，之所以获得下属的支持和认同，除了岗位权力外，更重要的因素来源于其个人，如高尚的人格、公平公正的处事原则等。

与西方企业管理相比，中国的企业管理中带有浓厚的伦理色彩。所以，在这种文化背景下，下属对管理者的要求会更高。因此，在中国，从事企业管理的人员，下属是否拥戴上级，对管理有效性的决定意义更为显著。

要塑造一个怎样的工作氛围？

(1) 要塑造一个快乐的氛围。要在工作当中寻找快乐，因为工作本身就很枯燥，所以，作为职业经理人，一定要学会带领大家在工作当中寻找快乐，进而让大家在快乐当中去工作，这样才能提高团队的工作效率。

当企业塑造了快乐的工作氛围时，企业中各个层次的员工都会充分发挥他们的优势，为了企业的目标通力合作，在工作中觅得生活的满足和人生的意义。

这一点，美国一家公司的老板丹尼弗做得很好。这个老板虽然叫丹尼弗，但是他公司的员工并不管他叫丹尼弗，而是亲切地叫他“老吉”。为什么？因为在公司的每个角落都挂着这样一句标语：“如果你不会微笑你就不会工作，老吉。”同时还在上面附加了一张笑脸。

他鼓励大家在生活和工作中学会微笑，并且时常跑到车间嘘寒问暖，跟员工打成一片，员工工作的积极性高涨。

在短短的三年里，这家公司销售额从100万美元上升到了3000多万美元，这是一个小公司成长的奇迹。

让员工处于轻松快乐的工作环境，这是管理者的责任。实际工作中，由于不快乐气氛的存在，就会严重影响到公司的绩效。可以说，有没有快乐气氛的工作，已成为企业能否成功的关键因素。

（2）要塑造一个包容的氛围。

包容是一门精深的艺术，是一种精神的凝结，是一种人生的境界，是人性至美的沉淀。它还是人修身养性的“真经”。

学会包容他人，绝不是一句空话。它需要拥有博爱的心、博大的胸怀，还要有一份坦荡、一种气概。

包容他人曾经的过失，是一种让人钦佩的气概；包容他人曾经对自己的伤害，是一种让人折服的胸怀；包容他人对自己的敌视，是一种人格至高的袒露。

部门之间与部门之间，员工与员工之间，难免会存在这样或那样的摩擦，所以，在面对这些摩擦和矛盾时，要学会包容、学会博爱、学会以平和的心态平等地对待周边的同事。只有这样，才能发挥团队的和谐之音。

我们需要有一种包容的心态。

前面也提到了包容，这里再详细分解。包容指的就是要容人、容事和容物，还有一点作为职业经理人要包容下属。最起码要做到允许你的部下犯错误。错误分成有心之过和无心之过。有心之过是来源于故意捣乱，这类人我们要严肃处理。但是有些过错是无心之过，我们就要包容，加以引导，进行督导，就是我们讲到的领导。

鲁迅曾说：有缺点的战士毕竟是战士，再完美的苍蝇还是苍蝇。作为主管如果推行这样一套理念的话，我们的下属才敢于做事。

（3）要塑造一个团结的氛围。

团结就是力量，一个人的力量正如一滴水，只有融入大海，才不会干涸。团结，一切问题都可以迎刃而解；团结，任何敌人都可以战胜。一个团队不团结就是一盘散沙。

上面提到的不利因素——冲突、压力和内耗，其实很大的一部分是由于不团结而造成的。造成不团结还有其他因素：第一，没有共同的利益。第二，没有共同的目标。

所以，作为企业管理者，要及时解决企业内部的矛盾，团结一切可以团结的力量。只有这样，才能够取得员工和企业双赢的局面。

2. 制定机制

制定机制就是要求我们坚持一个制度至上的准则。前面曾提到法家的性恶论和儒家的性善论。正因为人性有善恶两面，所以，我们要加以规范。有两种选择：一是叫人治；二是叫法治。小公司可以采取人治，大公司必须采取法治。

什么是法治？法治就是利用制度的手段规范员工的行为。所以，作为职业经理人，在企业一定要注意营造一个制度至上的氛围。

（1）“约法三章”。

召开会议，明确凡事先讲定规则，让公司上下员工共同遵守。

（2）遵循一个“热炉原理”。

企业制度的制定要有预警性、如一性、公平性。同时，制度最重要的是要有即时性，这次犯了错误，下次再犯时会得到相应的惩罚。

预警性，就是要告诉企业员工，企业的制度里规定了什么。

如一性，是指是否能坚持实施制度。比如，公司新买了一个打卡机，坚持不到一个月，后来发现使用打卡机太麻烦，最后束之高阁。

公平性，很多时候制度没有得以执行是由于主管本身制定了不合理的制度。

在企业中，需要制定有效、可行的制度，这样才能得以实施。

另外，企业的制度还必须严肃化，有集体约束力，做到有法可依、有法必依、执法必严和违法必究。

比如，IBM 公司之所以在 20 世纪 90 年代发生了很大的危机，其主要

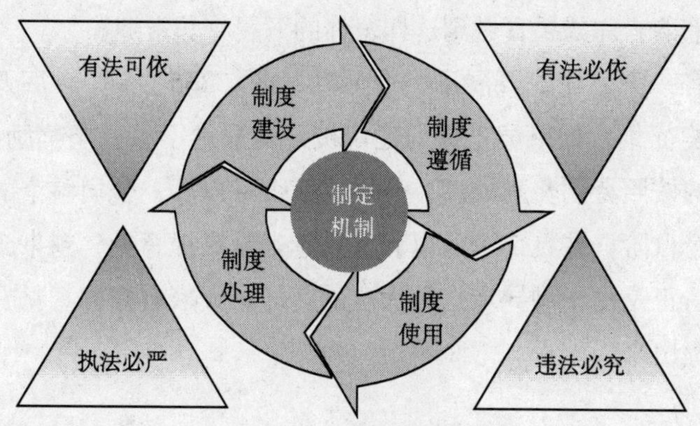

图 10-3 制定机制

原因就是公司出台了许多制度，导致公司极其僵化。

（3）要做到善用制度。

制度体现了威严，同时制度也赋予一些权力，你的权力第一是你的岗位赋予给你，第二是制度赋予给你。比如说我国公司法规定了董事长该做什么不该做什么，这是权力制度。

做到以上三点，我们将塑造一个制度至上的氛围，我们才可以从人治走向法治，管理者管理起来也会非常轻松。

3. 树立威信

威信是“无言的召唤，无声的命令”，一个企业领导者要想充分发挥自己的领导水平，树立威信是一个关键的因素，它必须靠自己的非权力性影响力去赢得。

要在部下面前树立威信。首先，要正人正己，带头遵守公司的规章制度；其次，要在业务上拿得起、放得下，不要瞎指挥、耍人情棒、玩关系网；再次，处理问题要出自公心，处理员工要一视同仁；最后，要有团队合作意识，帮助后进员工迎头赶上，帮助员工解决实际困难。

要学会领导和使用我们的下属：第一，尽管担，出了问题我负责，做主管要有魄力。第二，尽管干，干出成绩我帮你申请，干出成绩是你的。第三，尽管说，你有什么话跟我讲，有什么好的建议你提出来，好的建议我一定会采纳。你如果真做到这样，你的下属将非常拥护你。

北京有一家公司，开展了一个活动，叫“365 个一”，每天都开放信箱进行有奖征集，如果员工提的建议被公司采纳了，一条奖励 50 元，有特别贡献的按照特别奖励处理。开展了 3 个月以后，公司整个的管理和经营上了一个台阶，并且 3 个月以后大家越来越难提意见，越来越难挑出公司的问题。正是由于领导者这种大度的胸怀，大家有好的意见、好的想法自然就会提出来。

第十一章　储备、积蓄肯干的后劲

专家点悟

企业应从战略高度尽快营造人才辈出、人尽其才的良好环境，实施战略性人才储备。通过建立一整套各类职业人才培训、考核、资格认证制度，逐步将各级职业经理人的培训和使用纳入规范化管理的轨道，依靠机制留住优秀员工，减少人才流失。

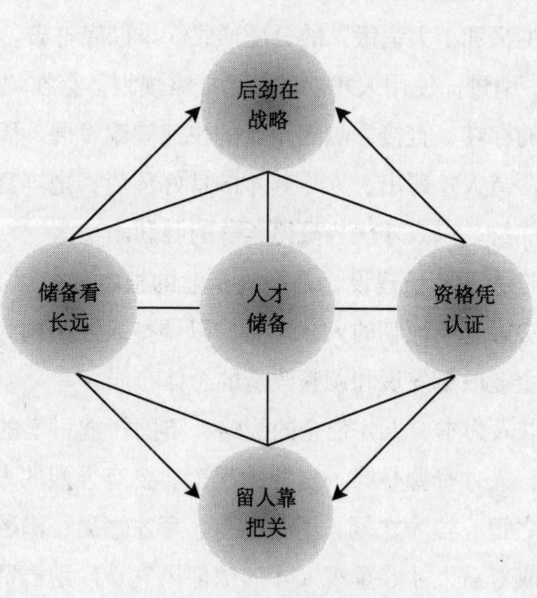

图 11-1　人才储备

11.1 后劲在战略

有些企业在人才队伍建设上还不够重视，与新形势、新任务的要求相比，企业人才队伍建设方面尚存在以下几个方面不足：

（1）干部队伍建设上存在“四不”。①年龄结构不合理，管理干部存在年龄老化，青黄不接现象，一些重要岗位及技术方面出现“断层”；②文化结构不合理，企业存在高学历低能力低水平的问题，难以胜任本职工作；③专业知识结构不合理，专业不对口，学非所用的干部占相当比例，精通技术、懂专业、会管理的专业技术干部少；④高素质复合型人才紧缺，干部队伍任用机制不灵活。

（2）职工队伍建设上后劲不足。一方面，高技能人才少，技能工人严重短缺；另一方面，企业经营管理制度不健全，缺乏严格有效的激励和约束机制，平均主义和“大锅饭”的分配形式尚未彻底打破。

（3）培养、引进、使用人才缺乏长远战略规划，存在“短期行为”。

这些问题的存在，直接影响到企业的快速健康发展。因此，企业应从战略高度尽快营造人才辈出、人尽其才的良好环境，把丰富的人力资源转化为人才资源优势，以人才优势赢得竞争的胜利。

加强和改进人才队伍建设，是振兴企业的根本任务。必须立足现实，正确认识并解决好企业面临的人才矛盾，以调整人才结构为主线，把人才队伍建设纳入企业改革发展和调整改造的总体布局。

（1）坚持以人为本，人才强企的战略，牢固树立科学的人才观。牢固树立以人为本，人才资源是第一资源的观念。要有强烈的人才意识，有爱才之心、识才之智、容才之量、用才之艺、育才之见，满腔热情为人才服务，在企业形成尊重人才、重视人才的浓郁风气。广纳群贤，最大限度地把各类人才积聚到企业的重要岗位上来。

要牢固树立科学的人才评价观。坚持德才兼备的原则，把品德、知识、能力和业绩作为衡量人才的重要标准，不唯学历、不唯资力、不唯职称、不唯身份，做到不拘一格选人才。

还要牢固树立人才资本观。要把人才资源作为最有价值的资源，把人才作为资本，让人才资本的活力迸发，要实行劳动、资本、技术和管理等生产要素按贡献参与分配，使人才资本的价值得以充分体现。

(2) 努力建立科学合理的人才培养开发机制。①要结合实际，制定企业人才队伍建设培训规划，确定对象、重点、内容和方式，不断提高培训工作的质量和效果。②要加大培训工作的力度和经费投入。要以改善人才队伍的知识结构、专业技能结构、增强创新能力、提高综合素质为目标。加强干部职工的业务知识和岗位技能培训。要加大培训经费的投入，切实转变观念，不能简单把培训资金投入当作企业人工成本支出，而应看作获取竞争优势的一项人力资本战略投资，是一笔无形资产，回报率难以估量。③在建立和完善企业自身培训体系的同时，要拓宽人才成长渠道。必须深刻认识到，随着科学技术的飞速发展，知识更新的速度日益加快。

因此，企业要充分利用科研院所、高等院校、函授和自修大学等社会力量以及发达便利的计算机网络等来开展继续教育和职工培训，加强对人才培养开发的规划和协调，优化整合各种教育培训资源，完善广覆盖、多层次的教育培训网络，营造良好和谐的学习氛围，树立学习创造未来，学习成就自我的理念，为企业的可持续发展做好人才储备。

11.2 储备看长远

人才工程关系到企业战略工程的成败与实施，人才储备同样是企业的战略决策。所谓战略性人才储备是指根据公司发展战略，通过有预见性的人才招聘、培训和岗位培养锻炼，使得人才数量和结构能够满足组织扩张的要求。

由此可见，战略性人才储备是为公司的长远发展战略服务的，它服从和服务于公司的长远发展，包括前瞻性的人才招聘和内部培养两个方面，为企业发展战略服务。

战略性人才储备以企业战略为指导，并构成企业战略的重要组成部分。战略性人才储备应建立在公司发展战略的基础上，战略主要涉及组织的远期发展方向和范围。

在理想状态下，战略性人才储备应使资源与变化的环境，尤其是它的市场、消费者或者客户相匹配，以达到所有者的预期。在对未来发展预期的基础上，就可以确定与这一特定战略相对应的人力资源需求，包括人员数量、结构，人员所拥有的知识、能力和水平等。为此要懂得：

（1）什么时候储备人才：企业初创时期不必储备人才，因为企业最需要的是站稳脚跟，招聘来的人才可以委以重任，并希望给企业带来立竿见影的效果。

当企业进入成长期和稳定发展期后，为了适应企业人才的更新换代和正常的人员流失，就应该考虑人才储备了。

（2）储备什么样的人才：企业应储备哪类人才，应当根据企业核心工作而定。比如，加工型服装企业，就应该加强生产管理方面的干部储备；以贸易为主的服装企业，就应该加强营销、质检方面的干部储备。而其他工作岗位的人才则可以在社会上招聘。

（3）储备多少人才：储备人才对调动新老骨干的积极性有很大的影响，也就是人才储备的“鲶鱼效应”。

老骨干认为企业已经找好了替班，工作积极性受到影响，而且当“鲶鱼”过多的时候，还会导致“沙丁鱼”死亡。但是，这种现象是好的，建议企业在必要的时候牺牲几条“沙丁鱼”也无妨。

（4）人才储备的期限：一般情况下，中低层管理人员培养半年，高级管理技术人员一年以上，但没有一个准确的标准，要根据企业自身情况而定。

如果培养的时间过长，人才会产生一种失落感，认为“英雄无用武之地”，导致储备人才的流失。但如果培养时间过短，根本不能胜任管理岗位工作，也只能淘汰，白白浪费人力、物力和财力。

随着经济全球化的到来，企业的人才储备走国际化道路已不可避免，新经济时代，企业人才在使用上必须要转变观念，逐步抛弃传统的国籍、户籍、人事档案的束缚，只要是企业适合的人才，就应该录用。

同时，企业一方面实行竞争上岗、下岗分流、优化组合，让不适合企业的人员流出去，参与人才市场的再分配，使企业机构始终保持精简和高效。另一方面不断招纳新人，使适合企业的高素质人才流进来。在企业内部打破部门之间的界限，企业中的人才可以跨专业、跨职能互用。

许多发达国家的企业，讲求用人之道与注重人才储备并重，各类人才的研究、发明、创造都会得到全力的支持。避免了企业人才资源的隐性浪费，特别是他们“敢为头脑定价”的做法对吸引人才、发挥人才的作用具有强大的吸引力。

中国加入世界贸易组织后，我国企业中的人才面临一系列新的机遇和挑战。我国企业必须根据未来发展的需要，科学地预测人才的需求情况，进行有计划、有目的、有针对性的人才培养，把人才储备当作企业发展必不可少的一项战略目标来抓。只有这样，才能适应全球化的市场经济发展需要。

最近，许多大公司都把挖掘人才的工作提前到大学毕业生择业之前，甚至更早。这些公司大多建有自己的人才储备库，对新人才的成绩、能力和行为进行综合分析，以备将来使用。人才库操作为公司一些关键性的岗位提供了人才储备，特别是为领导职位制定了接班计划，为企业的发展提供了保证。以数据为基础管理人才库，借用高新技术对人才进行预测评估，是人力资源管理上的一次革命性的飞跃。

11.3 资格凭认证

通过建立一整套各类职业人才培训、考核、资格认证制度，逐步将各职业人才的培训和使用纳入规范化管理的轨道，建立一整套人才培训和激励机制，将积极推动社会经济发展和企业核心竞争力的形成。

我国加入世界贸易组织以后，为迎接入世和国际接轨，根据国际惯例，职业培训和资格认证大都由全国性的专业协会等中介机构组织开发，由中国人才研究会委托人事人才专业委员会主办实施，证书上加盖“中国人才研究会人事人才专业委员会”资格认证专用钢印。

我国从计划经济向市场经济转型已经经历了 20 多年的历程，经济实力得到了很大的提高。加入世界贸易组织以后，中国经济面临着新的挑战和机遇。培训和认证工作也开始走向市场，以往我国资格认证工作都是由政府部门所垄断，这是计划经济体制下的产物。

垄断必然带来低质量、轻服务，不能按照市场经济的需要提供优质合格的现代培训内容，致使广大要求参加受训的人员投学无门，职业人才水平得不到根本提高，严重影响工作效率的提高。现在政府逐渐退出认证培训市场是我国加入世界贸易组织后的大势所趋，大力发展职业教育，可以把巨大的人口压力转化为人力资源优势。

过去，在普通群众心目中已经形成根深蒂固的政府培训、政府认证的传统思想。人们普遍认为只有政府认证才有效，只有政府组织的培训才能保证质量，只要政府发放了证书，就能与工薪、奖金挂上钩。拥有这种思想的人往往又不注重培训的好坏，只求得到证书，使培训质量下降，这是企业遇到的不利因素之一。

当前，企业与企业之间的竞争日益激烈，一些不适应市场经济的企业经济效益不断下滑，员工的工资都成问题，又从哪里去挤出员工的培训费呢？经济条件不景气是企业开发社会化培训的不利因素之二。

国内民间培训机构、行业协会、高校组织的各种培训和资格认证将不断涌入市场，国内机构的培训以价格低廉、培训方式灵活见长。其中不乏中国企业联合会在全国实力庞大又有影响的行协开展的认证培训。除了中国企业联合会还有许多中介组织开展的各类资格认证，这些都使认证市场竞争更加激烈，这是企业遇到的不利因素之三。

随着市场经济的进一步发展和社会的不断开放，国际性的社会化资格认证将会蜂拥挤入中国认证市场，他们培训方法合理、教学质量高、证书普遍得到发达国家企业的承认。这些国际性的社会化资格认证知名度普遍很高。例如，英国皇家物流协会的物流认证等，都是我国在认证市场竞争力非常强的对手，对我们刚刚开始的社会化认证带来了巨大的挑战。

我国加入世界贸易组织之后，企业间竞争日趋激烈，在竞争中，许多企业的职业人才能力得到了强化和锻炼，企业核心竞争力有所提高。但仍有一些企业还未能正确认识职业人才能力提升的重要性，忽略了企业员工能力的培养。具体表现在:

(1) 缺乏长远的用人计划，不能对员工进行分期分批的培训，致使企业人才匮乏，员工素质和职业能力普遍不高，难以达到企业发展所必需的要求，从而导致企业发展底气不足，在同现代企业以人才为核心的竞争中败下阵来。

(2) 讲关系而非才干，使一些才能平庸的人进入了管理岗位。

(3) 重学历而非能力，一个人的学历与能力并非一定成正比。现实生活中，一个只有学历而缺乏动手能力、独立见解、竞争意识、创新能力和团队合作精神的人，未必适合企业的需要。

根据当前我国企业的实际，培养和增强企业的核心竞争力，培养一支高素质的职业人才队伍是我国企业的当务之急。

从市场经济的角度分析，任何组织（包括营利的和非营利的）都存在人才问题，企业当前最为缺乏具备相应职业能力的知识型职业人才。全国每年毕业的大学生估计在 300 万~400 万人。而在这些人当中，受过正规职业培训的人员不超过 20%。据统计，仅黑龙江省每年毕业的大学生约有 14 万~17 万人，再加上近百万的非职业人才急需充电，使职业培训任务更加繁重。

从以上因素来看，无论是国际、国内，还是企业从业者对于全国人事人才认证培训都存在巨大的发展空间，因此，企业应该抓住这个良好的契机，为本企业的职业人才提供良好的服务。

11.4 留人靠把关

人才是利润最高的资本，能够留住人才的公司才是最终的赢家。因此，要认真探索一套靠待遇留人、靠感情留人、靠事业留人、靠企业文化留人的措施，但更重要的是要建立一整套人才发展机制，靠机制留住优秀员工，稳定员工队伍。

我们仅从招聘、事业、文化等方面提出企业如何留住职业化人才的对策。

1. 把住人才招聘关

员工决定离开或留在原公司，通常不是单纯某一方面的原因，而是受到综合因素的影响。不同人、不同职位、不同年龄、不同性别、不同教育背景，他们的离职原因各不相同。纷繁复杂的原因，变化莫测的心态，企业管理者应该从根本上来把握、构筑企业的人才管理工程，迈好留人第一步——招用合适的人。

一个人的工作经验和技能固然重要，但在工作中表现出来的优秀个人基本素质和对新知识的学习潜质，才是一个人胜任工作更为重要的一环。

研究显示，几乎 80%的人才流失与企业招聘阶段的失误有关。为把好人才的“入口关”，企业应采取科学、有效的方法和技术，挑选出人才使其与企业建立长久的合作关系。

第一，确保人才的价值观与企业文化匹配。调查表明，人才流失的主要原因不是知识或能力上的不足，而是他们与企业文化的不适应。

为此，企业招聘人才一定要“对口”，应当把价值观作为人才受聘与否的首要标准。

第二，实施现实工作预展。多数企业在招聘员工时仅向他们提供关于企业及工作的积极的信息，一些人才在工作一段时间后之所以会离开，就在于他们对企业抱有不切实际的或不准确的期望，现实工作预展被实践证明是解决这一问题的较好方法。

第三，注重人才结构的合理搭配。企业在招聘人才时，还应注重各层次人才的合理搭配，这样员工间更容易团结和配合，减少矛盾和摩擦。

据管理心理学研究，即使在招聘对人的外向性要求较高的销售人员时，也要考虑招聘一定比例的外向性倾向不十分高的人员，以便成员间的合作及理想的销售业绩的取得。

2. 把住事业留人关

要教育员工发扬“敬业爱岗”的精神，帮助员工理解自己的工作对整个公司的重要作用，提高员工实现自我价值的意识。要改变传统的监控式的管理方法，合理授权，权责一致，鼓励员工参与管理，支持员工的创造力，充分调动员工的工作积极性。

要想留住人才，企业应给员工提供广阔的发展空间，在职业生涯规划的同时合理进行工作设计。企业要及时地对人才所从事的工作进行个体和团体层面的设计。

个体层面的工作设计有：一是工作轮换，即员工有规律地从一种工作转换到另一种工作，两种工作的复杂程度、责任大小相当；二是工作扩大化，即增大员工工作任务的种类和数量，可以看作将复杂程度、责任大小等相似的多种工作任务进行合并；三是工作丰富化，即加大工作的难度和挑战性，使工作对于员工更有意义。

团体层面工作设计的核心思想是让员工自我管理，常见的形式有：一是生产自治小组，主要由生产工人组成，对生产任务负有较高的责任和权力，它可参与生产计划、任务分配等决策；二是管理小组，它由中高级管理人员和员工组成，主要负责制定影响全局的政策和策略；三是工程和项目小组，它由项目负责人全权负责招聘的工程师、专业技术人员和管理人员，主要从事工程技术或项目的开发、计划、管理等；四是问题求解小组，它由各领域的专家组成，目的在于帮助员工解决各种专业问题，岗位培训小组、员工职业生涯发展小组就属于这一类。

3. 把住文化留人关

优秀的企业文化是企业的无形财富，它具有传统管理不可替代的凝聚功能、导向功能、约束功能和激励功能。管理者应当善于塑造这种精神实质和生活态度。

从一定意义上说，以企业精神为核心的企业文化，是企业家的人格化。培育企业文化，确定共同的价值观，提高员工对集体的归属感和责任感，虽然听起来很抽象，但是对公司能否留住人才却是至关重要的。文化留人的着眼点是人才的内心世界，核心是激发人才的正向情感，消除消极情绪。

第一，培育以共同价值观为核心的企业文化。正如一个民族的文化是其灵魂一样，企业文化无疑也有这样的内涵，价值观是其核心。健康向上的企业文化能在企业中创造出一种奋发、进取、和谐的企业氛围和精神，促使员工与企业形成坚不可摧的利益共同体，是企业留住人才的制胜法宝。

在企业内部，如果上下级间、部门间、同事间能营造这种互相理解、互相尊重的气氛，企业的工作环境可以说具有了“留人”的吸引力。

人类需求的最高层次是得到社会的尊重和认可，在企业也是一样，每个人处理问题的方法和效率是有差别的，但每个人期望获得尊重和认可的需求是等同的。

第二，树立管理者的个人魅力。领导者除应表现出富有才干、办事高效外，还有两点值得强调：一是领导者个人的品质和诚实程度。领导者要有言必信、行必果的信誉，以理处事，以诚待人，以实务事，以个人的品德魅力吸引人才。二是领导者要树立服务意识，改变指挥、控制和利用人才的思维和行为，对所领导的人才应尽可能地授权，给予其必要的自主性，充分发挥他们的聪明才智。

4. 把住流失控制关

企业要有一套针对人才流失的预警机制和危机处理机制。这个预警机制，就是要求企业建立和人才保持沟通的专门渠道，了解人才的意愿和需求。

企业要经常性地对企业员工的工作状态进行调查和分析，了解人才对企业环境的满意程度，能够及时地发现和解决人才使用中的问题。

一般而言，以在人力资源部门设置专门的职位，由专人对企业人才状况进行调查研究为宜。

所谓的危机处理机制，主要是指人才储备机制和针对核心人才流失的紧急反应机制。企业在平时要加强人才储备，在人才离职时能迅速地找到合适的人才替补，把动荡和损失降到最低。在关键人才离职或人才集体跳槽时，企业要有在第一时间做出反应的能力，迅速稳定在职人员的心理和情绪，做好对供应商、客户、新闻媒体等方面的解释和公关工作。

▲他山之石

富士康的人才战略

总部设在深圳的富士康科技集团是目前全球最大的计算机连接器和计算机准系统生产厂商。富士康科技集团之所以具有较强的国际竞争力，主要归因于其实施的企业人才战略。据调查，该集团创建之初就确立了挑战21世纪的“人才本土化，人才科技化，人才国际化”的开发战略。

富士康科技集团的四大“才”字战略

富士康科技集团在发展过程中坚持人才引进和内部培养并重的方针。特别重视在企业内部培养人才，采取多种方法“选才、育才、用才、留才”，增加人才总量，不断提升人才素质。其主要做法有：

(1) 选才。为了提高产品的技术含量，富士康科技集团从创立之初，就高度重视人才的引进，15 年来该集团人才总量由创办初期的 128 人发展到2003 年的 10 万多人。特别是从 1996 年开始，该集团每年人力资源拥有量均以 43%的速度增长。

在引进人才方面，一是通过由猎头公司、业务伙伴以及集团管理层推荐等方式，选拔国内外高精尖技术型人才和高级管理型人才。从 1996 年开始就陆续在中国大陆及中国台湾地区、欧洲、美洲等地大规模招聘精英人才。二是通过互联网站、参加招聘会等方式，选拔优秀应届高校毕业生。三是与百余所技校、中专、职业技术学院合作，建立技能人才输送长效机制。由于采取上述措施，使该集团人才规模不断壮大。

(2) 育才。在引进人才的同时，集团还十分重视培养人才，每年投入 1000 多万元用于职工教育培训，目前已建立了从基层生产人员到经营主管五个层次（操作层、执行层、管理层、规划层、经营层）的完整的企业内部职业教育训练体系。

他们根据业务拓展需要，在国内建立了多所培训机构，规定中层管理人员和技术人员每年参加学习的时间要达 288 个课时，普通员工参加培训时间不少于 36 个课时等，达不到规定学习时间的，要扣发奖金。这些硬性规定调动了员工学习的积极性，有效地促进了员工整体素质的提高。

培训内容和方式主要有：

①学历继续教育。先后与清华大学、中国科学技术大学、西安交通大学等高校和培训机构合作培养“工程博士/工程硕士”等业务骨干及“专升本/第二专长”等专业技术人员。

②网络学院培训。目前集团已建立以深圳为中心，覆盖亚、欧、美三洲的网络学院，即时为员工提供 IE 大师培训，员工通过

网络学习累计达 7 万多人次。

③海外见习和留学。集团每年都选拔 200 多名员工赴海外学习历练，带动员工整体素质提高。

④职业技术培训。集团开设了四大管制系统的核心专长技术培训和技委会技术干部专业技能培训项目，通过工程师现场辅导、专业技术研习、讲师技能训练、内部员工技能培训等方式，开设核心专长技术培训课1800 多门，累计培训总量达 48000 多人次。

⑤管理通职培训。主要是针对管理人员的素质提升和管理技能进行培训，形式有中层管理人员培养、经理人集训等。

⑥认证培训。集团的 ISO 系列认证和物流认证已累计培训1010 人。

（3）用才。①确立人才本土化和国际化战略。由于该集团在中国内地、中国台湾地区、日本、东南亚及美洲、欧洲等拥有数十家子公司，各事业群内部有日本、新加坡、美国、中国香港、中国台湾等不同国家和地区的员工共同工作；同时，大陆本土员工依靠公司海外历练与进修的机会，开拓国际化视野，实现本土人才国际化。该集团已累计向海外派驻 310 多名本土人才。②健全科学的职位评价体系。该集团根据内部不同职位的特点，成立 30 多个技术发展委员会（简称技委会），科学规范公司职位的划分、评价和职位晋升。公司主要依靠员工的技能和工作性质，采用职位评价体系对其进行分类、评估，科学建立员工的薪酬福利、职位和员工职业生涯发展体系。③推行重要干部轮调与晋升制度。为加速经营管理层及规划管理层人才选拔培养，对于重要干部担任同职位满 3 年者提供跨部门历练的机会，每年对重要干部进行绩效考评，依职业生涯规划（轮调与晋升）确定职位的调整方案。

（4）留才。集团内部从多方面营造留人环境，设立了富有本企业特色的奖励制度。

①年终奖金。根据每年的营运获利情况和员工服务时间长短对员工进行考评并核发奖金。

②持续服务奖金。为鼓励员工长期扎根、持续服务，各事业群主管每年依据各事业群当年业绩成长情况核定总额度，从留才、用才的需要出发按人员层级确定奖励系数，并视情况对发放系数进行调整。

③“138”配房留才工程。与集团签订为期一年劳动合同、服务满一年后，表现优秀的员工，经提报核准，与集团签订为期三年的服务合同，每年享有三个月的签约奖；三年期满后，表现继续优秀且有长期扎根服务意愿，经提报核准，可再与集团签订为期八年的服务合约，享有集团提供的住房。

④长期服务签约奖。为奖励具有长期服务意愿的三年签约员工，三年期满又不配房的，再续签三年服务合同，每年提供一个月奖金，弥补配房政策调整的空间。

⑤对重要员工实行年薪制和配股。集团为扩大本土经营管理层人员的提拔任用，加速人才本土化，对3%的优秀经营管理层的人员，实行以岗位职责和管理幅度核定年度薪酬的年薪制。此外，还为重要员工配发集团在大陆地区股份公司的内部股票（原始股）和台湾鸿海股票并参与分红。

⑥提供免费食宿或个人租住房补贴。集团拿出巨资修建图书馆、数码银狐生活馆、体育场、游泳馆，免费提供给员工使用，为员工学习和生活创造一个舒适环境；创办内部刊物，为员工之间、上下级之间的交流提供一个平台；定期为全体员工体检，重要员工还建立健康档案，实时追踪健康状况；企业内配套设施齐全（如商场、医院、健身房等），足不出厂，所有问题都可解决。

在企业文化建设方面，他们通过举办各类活动，增强员工的参与意识和主人翁精神。

下篇 “可靠”是职业化的内功

可靠要求职业经理人有准确的职场定位：个人和企业要双向融合，互建人才落地的平台；有良好的职业心态：对企业常怀感恩之心、常怀忠诚之心、常怀敬业之心；有自强自律的职业操守：纪律上绝对服从、工作上顾全大局、务实上立足简单、行动上不能拖延；有努力提升的职业素质：不断提高胜任能力，最终融入高效执行的职业团队。

定位在于
双向融合
自我定位、选人定位、考评定位、职场定位
心态在于
真诚修炼
常怀感恩、忠诚、敬业之心
操守在于
自强自律
讲服从、顾大局、真务实、不拖延
素质在于
努力提升
胜任、专业、风范、创新
团队在于
高效执行
执行、团队、文化靠人才
可靠

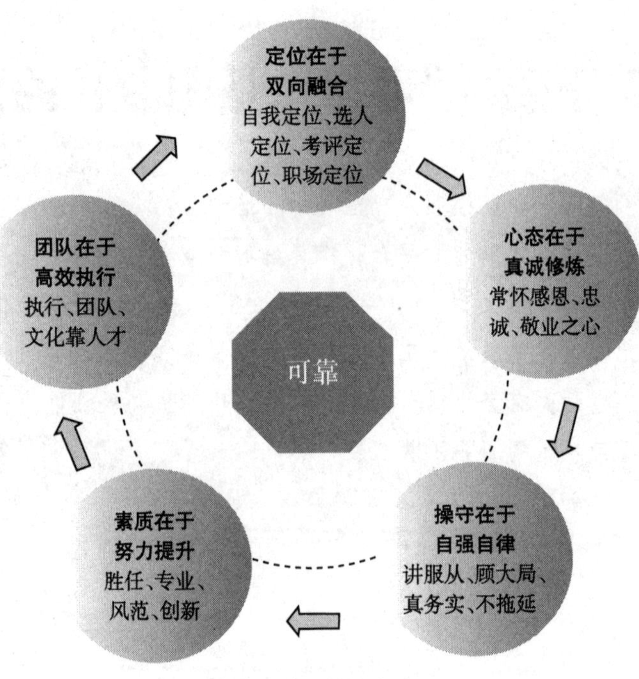

可靠是职业化的内功

第十二章　职业定位在于双向融合

专家点悟

人才决定着企业生死存亡。比尔·盖茨曾说过："如果可以让我带走微软的研究团队，我可以重新创造另外一个微软。"

人才是企业创造财富的动力源泉，作为企业管理者，要千方百计地培养人才和留住人才。

为人才搭建平台：第一，选择合适的人才；第二，为人才提供一个充分发挥的舞台；第三，设置奖罚制度、淘汰落后的用人机制，以奖优罚劣、鼓励创造。

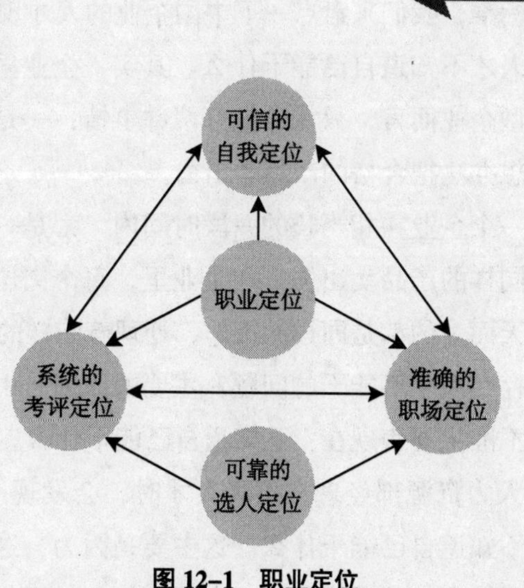

图 12-1　职业定位

12.1 可信的自我定位

中国的企业究竟需要什么样的人才？21 世纪中国企业最缺少的就是合格的职业经理人才，其中一个合格的标准是：要由勉力而为到尽力而为再到尽心尽力，要全身心地投入。另一个合格的标准是：执行力，就是要将事情做对。

现在企业老板抱怨企业缺人才；而许多所谓的人才们抱怨没有发展的平台，感觉自己满腹的才华，无用武之地，由此产生一种对冲的现象。

什么叫人才？“能干、肯干加可靠”就是人才。

对于人才个人而言，你必须能干，这是基本条件，有了能干还不行，还必须肯干。虽然你能干又肯干，但是整天想着怎样将企业的利益变为自己的利益，这样的人就属于不可靠的那种人。所以人才的标准就是能干、肯干加可靠。

对照这三条标准，我们来盘点一下中国企业的人才现状：

第一，这些人才不知道自己能干什么。其实，企业里没有什么复杂的事情，对于制造型企业而言，只需要做好两件事情：一是想办法生产出合格的产品；二是想办法把合格的产品卖出去。

一般而言，一个企业在相当长的一段时间内，都是一以贯之的生产同样一个产品，把同样的产品卖出去。在企业里，每个岗位的人都做同样的事情，基本上每天面对的都是同样的工作，处理着同样的事情。

但是为什么存在人才不能干的问题？主要的原因是由于人才对自己的定位不准。定位不准主要表现在：不知道自己能干什么。

一些企业的人力资源部经理在招聘人才时，会发现一个显著的特点：绝大多数的人都不知道自己能干什么。这主要是因为，这类人不清楚自己的能力特点，不了解自己的性格特征。人要干好一件工作还有个条件叫做兴趣所在，兴趣就是最好的老师。

中国的企业在招聘员工时，经常会出现这样的现象，一些应聘人员最为关心的是这些企业是不是知名的企业。所以，知名企业在招聘人才时就有充分的选择，他们的成本也比较低。

如果名不见经传的小厂招人，比如，应聘人员要求月薪2000元，如果是海尔就只会要求1500元。因为知名企业内部的劳动保险、医疗保险、培训、福利配套等待遇较好、操作规范、效益稳定。

由于职业的缘故，我经常为企业招聘一些人才。因为我在为企业咨询和完成企业改造的同时，还必须给企业架构一个第二梯队——后备干部队伍。没有好的人才，企业的问题通常都没有办法解决。

在招聘的过程中，我对人才有非常清晰的判断，主要是了解他的能力特点、性格特征以及兴趣所在。社会有各行各业的企业，有卖飞机、坦克和卖口香糖的，所以，他能不能适合业务特点最为关键。

第二，这些人才不知道自己该干什么。这些人才的一个突出的表现是什么呢？没有清晰的目标，盲目行事，进入企业后，很难得以施展。

第三，这些人才不知道怎么干。进来以后到企业里究竟怎么表现呢？就是说企业里不好用他，这些人才不太适应企业的环境和要求。

这类人主要有两个表现：一是不能及时地调整心态，进入企业后很难适应，工作懒散，且不太会处理一些复杂的人际关系；二是他的表现层次有逻辑错误。

一个新人到了一个陌生的环境，无论你是刚刚毕业的大学生，还是久经沙场的老战士，都应该学会先谋人和再求地利，等待天时，最后机会就会光顾于你。

12.2 可靠的选人定位

1. 制定选人标准

以上是人才本身的问题，再看看企业的问题。企业要做三件事：一是选择合适的人才；二是给这些人才一个充分发挥的舞台；三是企业必须设置一套奖励先进、打击落后的机制。在现代人才制度中，尽管也提出“德才兼备”、“四化”的选人标准，然而，在具体实施当中仍有不尽如人意的地方：

（1）任人唯亲：在选人上并非按“四化”原则，而是看该人的亲疏远近，裙带之风泛滥，是亲信就提拔重用，不是亲信即使有才也赋予闲职。既不重德也不重才，给我们的事业造成极大的影响。

（2）重才不重德：认为只要具有高学历、高职务就视其为人才，而对于其德行却疏于深入细致的考核，正是这帮有才无德之人造就大量贪官污吏的出现，腐败之风难以遏制。

（3）重德轻才：许多德行较好的谦谦君子，由于口碑好、德行高，被委以重任，然而其才能却不足以胜任本职岗位，面对知识经济的到来，无从下手，成为事业发展的阻碍。

（4）限制发展：对德才兼备的人，不能充分发挥其聪明才能，却力争使其成为听自己话的人，束缚其发展，因此在选人上必须坚持德才兼备的原则，用时要尊重知识、尊重人才。

为什么企业不能招聘到优秀的人才呢？是因为企业缺乏一个合适的选人标准。第一，企业没有一个很好的选才的理念。第二，不清楚什么样的人才是企业所需要的。一个社会、一个组织、一个企业，如果只看重资历，过去的业绩，论资排辈，就会失去朝气蓬勃的生命力，从而停止前进的步伐。这种按个人的外在因素提拔的做法会压制真正有才能的人，只有唯才是用、不拘资历才能得到真正的人才。

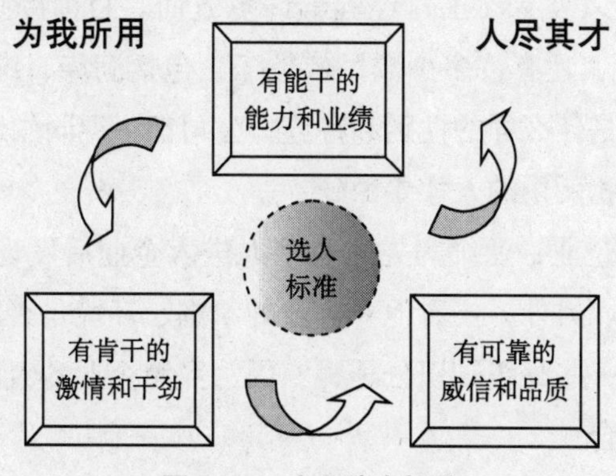

图 12–2 企业选人标准

美国友邦保险有限公司广州分公司总经理黄宝亨认为，人头并不就是人才。一个人职位高不能说明他就是人才，人才是那些能够把事情做好、能够在自己的岗位上做出成绩、能够直接或间接给企业创造利润的人。

企业招聘员工，并不是招聘最优秀的，而是挑选最合适的。所以，企业在用人原则上，要坚持任人唯贤、德才兼备的用人观，树立“文凭不等于水平，身份不等于资格，经验不等于能力，好人不等于能人，无过非英雄”的用人思想，不重身份，重能力；不重资历，重实绩；不重学历，重水平；不重经验，重激情；不重上意，重人格魅力和威信。

只有任用能干、肯干和可靠的人才，才能保证企业在任何时期永远后继有人。

一个公司的选人和用人标准与它的企业文化密切相关。正直不移、尊重不渝的企业文化，使摩托罗拉尤其注重员工的诚信、勤奋、创新能力和团队精神。

摩托罗拉选择员工有硬件和软件两个标准。硬件就是应聘者的学历和背景，背景包括专业、主修课、学习成绩、在校表现，如是不是做过一些相关的实习工作，参加过一些社会活动等。软件方面则看你是否具备一些潜在的能力，如学习能力、团队合作能力、应变能力、创新能力等。

尤其值得一提的是，摩托罗拉非常注意员工的多元化。多元化包括性别、种族、年龄以及有无工作经验等许多方面。目前摩托罗拉员工中有30%~40%是女性，还有许多少数民族员工，包括满族、维吾尔族、回族、藏族等。而不管是什么样的性别和种族，公司都一视同仁地对待。

可见，能为我所用的人才要做到：

第一，认可企业，业绩为先。有些人进入企业后发现企业的规模小，感觉自己很委屈。另外，要看他和企业的氛围、环境是否匹配。为什么乡镇企业很难留住一些高级知识分子呢？因为乡镇企业的氛围、环境与高级知识分子很难融合。

第二，肯干、实干，愿意付出。进入企业后，是否有一个良好的工作意愿。评价有没有良好的工作意愿有三个标准：一是否非常珍惜工作的机会；二是否对工作待遇非常满意；三是否力争上游。

第三，忠诚可靠，安全第一。这是一个极其严肃和极其现实的问题，企业必须考虑以下三条标准：一是最小可能出乱子。招聘人员时，要被招聘到的人出乱子的可能非常小。二是最小可能叛变。如公司的核心人才进入竞争对手的企业，带走了公司的客户技术资料等。三是最小可能另立门户。时机成熟，人才可能自立门户。

以上这些人才，企业大可不用。

企业的人才理念要解决人才标准的问题。比如，联想集团柳传志曾说过，“什么是人才？就是执行力，就是这个人能做，能做对，这就是人才。”而世界500强的GE公司是以“诚信”为选才的基准之一。

2000年1月，在GE最上层550名高级经理的一次会议上，GE公司的高级副总裁、首席大律师小本杰明·W. 海内曼说：“GE公司没有任何事情可以阻止我们不断向前发展，唯独诚信。GE选人时，首先要求为人诚实，诚实比能力更重要，面试一个人是否诚实是由许多面试考官共同决定。”

经验教训告诉我们，如果一个管理人员的职业道德素质低下，即使他的个人能力很强，但对企业不认同或认同感较差，与企业所提倡的背道而驰，或者别有用心，虽然他们能够高水平地完成企业交给的任务，但有时却故意把事情做得一团糟，最终也会对企业造成很大损失。

比尔·盖茨总结出的优秀员工十大准则，一直是微软员工遵循的行业准则和成功指南，许多世界知名企业也将这些准则作为员工职业精神培训的标准。

第1条准则：对自己公司的产品抱有极大的兴趣。

第2条准则：以传道士般的热情和执著打动客户。

第3条准则：乐于思考，让产品更贴近客户。

第4条准则：与公司制定的长期目标保持步调一致。

第5条法则：具有远见卓识、并提高专业知识和技能。

第6条准则：灵活地利用那些有利于你发展的机会。

第7条准则：学习经营管理之道，关注企业发展。

第8条准则：密切关注和分析公司的竞争对手。

第9条准则：有效利用时间，用大脑去工作。

第10条准则：员工必须具备的美德：忠诚、勤奋、热情、责任心。

因此，我们必须有自己的理念，我公司也有自己选人的理念。有了理念以后我们就可以按照人才标准选拔人才。

2. 营造选人环境

发现人才、培养人才、留住人才、吸引人才、重视人才、协调人才，创造一个和谐的人才环境是至关重要的。不管自己是不是人才，或者是处于什么层次的人才，每个人都应该把该做的事做好。

有些企业挑选了一些优秀的人才，但并没有给人才一个发展的舞台。这说明企业缺乏一个良好的用人环境。

引才纳贤是国家强盛的根本，而人才尤其是高才最为重要。秦昭王雄心勃勃，欲一统天下，在引才纳贤方面显示了非凡的气度。

范雎原为一隐士，熟知兵法，颇有远略。秦昭王驱车前往拜访范雎，见到他便屏退左右，跪而请教：“请先生教我？”但范雎支支吾吾，欲言又止。于是，秦昭王“第二次跪地请教”，且态度上更加恭敬，可范雎仍不语。秦昭王又跪说：“先生为何不愿教寡人邪？”这第三跪打动了范雎，他道出自己不愿进言的重重顾虑。秦昭王听后，第四次下跪，说道：“先生不要有什么顾虑，更不要对我怀有疑虑，我是真心向您请教。”范雎还是不放心，就试探道：“大王的用计也有失败的时候。”秦昭王对此并没有发怒，并领悟到范雎可能要进言了，于是，第五次跪下，说：“我愿意听先生说其详。”言辞更加恳切，态度更加恭敬。这一次范雎也觉得时机成熟，便答应辅佐秦昭王帮他统一六国。

后来，范雎鞠躬尽瘁地辅佐秦昭王成就霸业，而秦昭王五跪得范雎的典故千百年来被人们称为引才纳贤的楷模。

今天的企业老板对引才纳贤有何感想？

企业不良用人的三种现象：

第一，老板叶公好龙。这样的老板嫉贤妒能是人才流失的重要原因。

第二，公司关系复杂、派系林立。

第三，公司的企业文化、氛围太差。

3. 建立尽才机制

人才的差距在根本上决定企业的差距，人才机制决定企业活力。无论是以注重团队精神和感情管理为特色的日本企业，还是以注重市场配置和物质激励为表征的欧美企业，通过不断地相互学习与借鉴，都加快了人力资源管理变革的步伐，开始注重短期激励与长期激励的兼顾，刚性制度与柔性文化的融合，个人竞争与团队精神的统一。

更为重要的是，这些发达国家的优秀企业，都更加重视人力资源管理，将其提升到了与知识经济背景相对称的战略性地位。

下面让我们看一看美国和日本两个比较典型的管理制度。

美国。美国的文化是一种商业性的、竞争性的文化，信奉达尔文的进化论。

由于美国是一种商业性文化，又信奉功利主义和现实主义，追求功利。所以，美国企业的商业制度是企业制度。美国企业制度有两大基本特点：一是一切用业绩说话；二是能者上、庸者下、平者让。

美国企业如何实现管理？万变不离其宗，现阐述一个过程控制：

通常，各分公司的经理人每周都会向公司总部汇报一周的工作情况，汇报内容：上周计划完成情况；如果没有完成，存在的原因是什么，以及调整措施；汇报下周的目标以及具体工作计划。这是非常标准的美式管理。

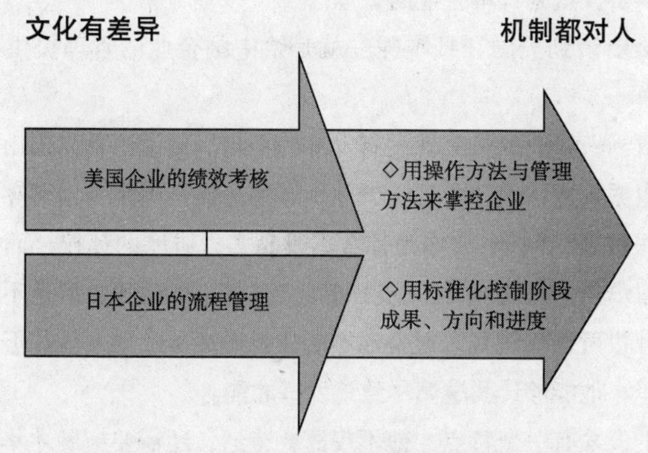

图 12-3 美、日文化差异与企业机制

日本。日本的大和文化有两大特点：一是民族性。含有明显的武士道精神等民族性。二是融合性。在日本企业当中有很多的舶来文化，接受了很多外在的文化。首先它最大的舶来文化，是在日本已经生根发芽的中国的儒家文化。正因为如此，它的文化特性表现为一个矛盾性。

但是日本这个民族具有强烈的危机意识。日本企业制度的特点：一是终身雇佣制。日本企业在雇佣员工时，还会解决一些员工的家庭问题、生活问题，甚至员工的感情问题。二是年功序列制。就是说它的用人机制是什么呢？用人机制是靠年头。在这两个基本特点下它有怎样的管理过程呢？日本企业管理过程有这样两点：第一，标准化。日本企业是非常注重过程管理的，干什么事情都要标准化，拧扳口我都会给你画一个示意图，你怎么操作，离机器操作台有多远，都要标明。第二，注重操作细节，这就导致日本企业在管理过程的时候非常注重每个阶段的结果。我们把它叫做阶段目标，又叫阶段成果。因为条条大路通罗马，它所有通罗马的路，每个过程尤其是重要的过程都有目标做指引。

比如我们经常说的日本企业的擦盘子，它为了实现标准化怎么做呢？告诉你擦12次，一定要12次。然后它注重你擦盘子的细节，告诉你怎么擦。最后怎么样？它告诉你擦了6遍是什么样子，8遍是什么样子，12遍又是什么样子，这是日本企业的管理。

为什么要谈到美国和日本呢？就是给中国企业的管理提供一个思考的空间。

没有机制，企业的员工就没有发挥的平台。传说诸葛亮出山之前，东吴的孙权也派人邀请他，并且给予他优厚的待遇。但是，诸葛亮并没有同意。别人很好奇，问他："你为什么不投靠实力雄厚的孙权，而投靠被人打得抱头鼠窜的刘备呢？"诸葛亮回答："孙权可以敬我，但是不能尽我。"意思是说孙权可以尊敬我，但是他不能让我淋漓尽致地发挥。但是，我到了刘备那里，他能够让我淋漓尽致地发挥才能。

真正的人才有一个特点，他不仅需要待遇，还需要施展才华的平台和环境。尽才的环境需要三个方面：

第一，绩效考核。企业必须有一套绩效考核的机制，并给表现优秀的员工一定的福利待遇、相应的职位、培训和升迁机会等。否则，仅靠单一的薪酬很难留住高级人才。

第二，内部创业。内部创业是由一些有创业意向的企业员工发起，在企业领导者的支持下，承担企业内部某些业务内容，进行创业并与企业分享成果的创业模式。这种方式能够激发企业内部活力，改善内部分配机制，使企业与员工实现双赢的管理制度。

第三，企业是否设置竞争机制。企业设置竞争机制，是实现优胜劣汰的一种内在功能。优胜劣汰，这是价值规律作用的必然结果。因此，竞争机制实际上是动态管理，既利于企业发现人才，也促进员工力争上游。

12.3 系统的考评定位

对的方法才会有对的人才，只要挑选好人才，许多事情便会顺畅解决，任何一个有经验的领军人物都会对这句话深有同感。所以，挑选人才非常关键，我们常用的是以下三个较为严谨的办法：

(1) 观察法。古人云：“察其言、观其行，而知其心。”作为企业管理者，应随时留意员工的一举一动。所以对人要进行观察。例如，日本某企业在招聘员工时，发现一人将总裁给他的名片不小心踩了一脚，然后放在办公桌上，这个总裁看到他这样的不尊重人，所以没有录用这个人。还有第二个应聘者，到一个企业里去，他发现在玻璃门上有一些手印，便掏出自己的手帕把这些指纹擦掉，后来这个人被录取了，所以这些都来自于我们的观察。

(2) 笔试法。笔试法不仅仅是让他答题，而且我们事先设计的答题，一定要把专业问题和你企业的实际操作面的问题结合起来。假设你是一个食品公司，第一，你可以提问。比如，作为一个食品型企业的生产管理要抓好几件事情？第二，你可以将问题罗列出来。比如，企业在招聘专家时，在笔试这个阶段，你可以给笔试者一个企业案例，从中得出他的解决思路及解决方案。

(3) 职业测评。这是最近十年以来在国际尤其是在美国、日本一些发达国家普遍采用的一个方法。

第一类，心理测试。通过一些心理学的测评测试，比如，斯特劳量表，还有哈佛的一些量表，作为我们人力资源管理部门心理学的量表。其中气质量表、性格量表要回答一个问题，叫职业倾向的问题。换句话说，通过这样的测试有些人适合做生产管理，有些人适合做财务管理，有些人适合做市场营销，有些人适合做产品设计……通过一系列的考问，以此来测评他的职业倾向。

第二类，性格测试。即进行个人性格测试和气质测试。

第三类，能力测试。通过问题的回答发现应试者的能力在哪方面。

第四类，忠诚测试。即一些敬业度和忠诚度的测试。忠诚度测试需通过一系列量表的测试回答相关的问题，以此测量你的忠诚度。

要运用好这三个方法，需要有丰富招聘经验的人来完成。

我们常会发现，外资企业招聘员工，都需要一个很长的流程，即海选、笔试、面试、复试等流程。只有通过这些流程，才能确保找到优秀的人才。

12.4 准确的职场定位

每种不同的职业类型都意味着在职场中寻找不同的位置，感到迷失的人应该在对职业类型和个人的状况做出分析的基础上，了解职业种类、特点、性质和要求，了解该职业发展前景，等等。

根据对自己的认识和对职业的了解，合理选择最适合自己的职业，进行准确的职场定位。怎样进行准确的职场定位呢?

(1) 要与企业的规模相匹配。比如，一个企业是一个小型公司，想招聘像杰克·韦尔奇这样的人是不现实的。因为企业的基盘太小。人才和企业是相得益彰的，没有企业就没有人才，没有人才就没有企业，二者都不会独立存在，可谓时势造英雄，英雄造时势。

(2) 要和你的地域特点相吻合。目前，在国内人才市场上最受欢迎的高级管理人才按地区来源及特点可分为三大类：

一是来自欧美、中国香港、中国台湾、东南亚及其他地区的外籍管理人员。他们具有丰富的国际运作经验，以其战略思想、逻辑分析和对业务的精深了解见长，但他们缺乏中国的语言沟通能力和运作经验，并较少做在中国长期发展的打算。

二是本地管理人员。他们了解中国国情和跨国公司在中国面临的机遇和挑战，具有丰富的国内运作经验，社会关系广泛，外语较好，思维方式较西方化，个人行为职业化，好学、进取。但他们缺少国际化的眼光，很多人希望能够出国深造。

三是留学生。他们同时拥有中国和西方教育的背景，潜力巨大，具有良好的中外文语言沟通能力，视野开阔，能够在中外文化之间架起友谊的桥梁，而且适应性和可塑性强。

因此，他们不仅是跨国公司在华高层管理职位的最佳候选人，也是国内几大城市间人才争夺的焦点。

职业规划和定位是企业招聘 MBA 时的评价标准之一，尤其是金融、咨询、加工制造行业的企业将职业规划和定位视为最重要的标准。但实际上 MBA 学员中有职业规划和定位者少之又少，日前一项最新的调查显示，国内 70%左右的 MBA 在入学时，都对自己未来的职业定位和职业发展感到困惑，不知道将来到底应该从事什么职业。

实际上很多人读 MBA 是为了改变现状：有的是对目前的工作不满，有的则是对本科所学的专业不感兴趣，希望通过读个 MBA，转到管理者岗位，甚至转到另外一个行业。近年来，越来越多的人大学本科毕业后，没工作几年就去读 MBA，MBA 年轻化趋势非常突出，这已经引起了教育界和用人市场的担忧。读 MBA 不是明确目标后的战略设计，而是变成了得过且过的一招鲜，充电并不是解决职场定位模糊的出路，只有找准自己的位置，才能有的放矢地充电。有关专家认为，一般来说，职业类型分成五类：

技术型：持有这类职业定位的人出于自身个性与爱好考虑，往往并不愿意从事管理工作，而是愿意在自己所处的专业技术领域发展。

管理型：这类人才有强烈的愿望去做管理人员，同时经验也告诉他们自己有能力达到高层领导岗位，因此他们将职业目标定为有相当大职责的管理岗位。

创造型：这类人需要建立完全属于自己的东西，他们认为只有这些实实在在的事物才能体现自己的才干。

自由独立型：有些人更喜欢独来独往，不愿在大公司里彼此依赖，很多有这种职业定位的人同时也有相当高的技术型职业定位。

安全型：有些人最关心的是职业的长期稳定性和安全性。他们为了安定的工作、可观的收入、优越的福利与养老制度等付出努力。

▲定位参考

壳牌集团发现未来的老板

世界领先的国际石油企业、位居全球500家最大公司排名前列的壳牌集团，是许多年轻人心目中的"顶尖级"外企典范。那么，什么样的人才能进壳牌？

首先，是不是有能力工作，并且能够完成工作任务。这是壳牌聘人的一个前提，所以一旦成为壳牌员工，从第一天起就必须开始真正地工作、承担责任和执行任务，而不是像很多公司那样前三年都是轮岗锻炼学习。当然公司不会把员工放在那里不管，而是随时观测员工的工作表现，并及时给予建议和辅导，在必要的时候进行适时培训。

其次，员工的观念是不是跟公司合拍，是不是与时代合拍。这是软性的方面，包括对公司的经营准则是否认同，并且身体力行。还有很重要的一点，就是在观念上员工一定要不停地去学习新的东西。因为这个世界变化太快，壳牌对员工的要求也在不断地变化和增长，如果员工停止学习，可能就会落伍。

另外，壳牌招聘人才所关注的不仅仅是某一个工作，因为壳牌希望员工在公司确确实实是有发展前途的，并且能够实现这个事业目标。壳牌希望员工有能力从现在的位置做起，一步一步地向更高、更宽的方向发展，做到经理，甚至董事的位置。公司有一套机制支持员工实现这些愿望。从个人角度来说，员工自己首先要有愿望和主动性。公司在网上有一个内部的公开招聘系统，公布公司内部的所有空缺，只要认为自己有时间和精力，每个人都可以去应聘、竞争。这需要员工有很大的主动性和勇气，敢于去尝试，丰富自己的知识和阅历，获得自己的事业机会。

壳牌是本着“发现我未来的老板”的态度来实施招聘的。壳牌希望招到的人才将来能管理我们的公司，那么什么样的人有可能是未来的老板呢？有三个衡量指标：成就欲以及成就能力；人际关系能力；分析能力。

成就欲是一个人事业追求的前提，首先你要有愿望成就一番事业，然后还要取决于你的成就能力。你是不是能清楚设立自己的目标，然后一步一步有的放矢地去完成；在实现过程中的心理素质，比如坚持与意志力、决断力，面对压力时是否能够坚持得住，能在大家争论不休的时候站出来说这个意见是最好的，请跟我走，并能够说服大家。当然除了脑子方面非常强壮之外，还要特别精力充沛，因为只有这样才可能最终完成自己的事业。有人觉得只要自己兢兢业业工作就是成就能力好，不是这样的。因为付出的努力，不一定有效。你要有勇气、有能力并且聪明地完成你的目标。

人际关系不单纯指与人如何相处，更在于能不能与人产生 1+1>2 的效果。一个人人缘好绝不是壳牌所说的人际关系，更不要把人际关系等同于拉关系。壳牌的人际关系是指你是不是尊重他人；你是不是理解他人；你在与人沟通时是不是能有效地倾听对方，并把自己的意见说出来；意见不一致时是不是能把不同意见综合，然后得到一个大家都比较满意的结果；是不是能说服他人，同时说服自己；在一个小团队里面是不是能够自然成为领导者，能不能跨越自己影响他人（不是越权，而是善意的、建设性的合作与帮助）……这里的人际关系同时也包括了团队之间的关系。

分析和思维能力如何，包括你对细枝末节的敏感性怎么样；是不是能够举一反三，高瞻远瞩；能不能从各种纷繁信息中抓住最重要的，并对之进行分析、加工，获取有用信息，并得出结论；等等。很多人有误解，认为脑子聪明，IQ 高，思维能力就强。很多技术专才 IQ 非常高，但不一定综合分析能力就符合壳牌的要求。

壳牌从来不说需要员工有什么样的学位或者专业，因为壳牌相信一个人的内在的本质性的能力。所以壳牌不介意员工是从什么背景来的，在壳牌看来，不同背景下碰撞出来的火花会更大一点、更亮一点。壳牌聘人看的是一个人本质性的能力，而不是他曾经做过什么职业或者学过什么东西。

第十三章　职业心态在于真诚修炼

专家点悟

心态决定一切。作为职业经理人，对企业要常怀感恩之心、常怀忠诚之心、常怀敬业之心，把个人价值观与企业的前途命运紧密地联系在一起。因为只有具有高度责任感的员工，才有可能被赋予更多的使命，才有资格获得更大的荣誉，也只有这样的员工才具有自发的行动力，变成更加卓越的人才。

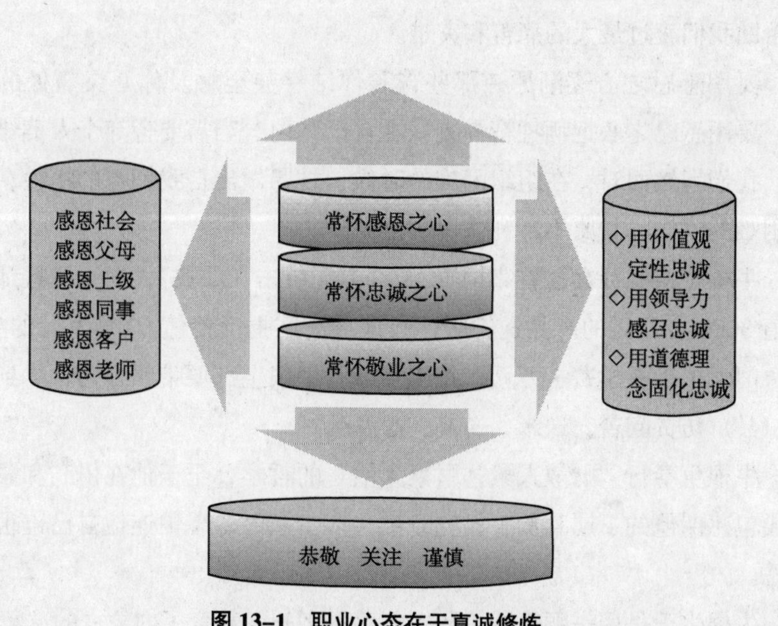

图 13-1　职业心态在于真诚修炼

13.1 常怀感恩之心

感恩是人类生活中最佳的智慧、最美的心灵、最高的境界。心存感恩，知足惜福，人与自然、人与社会、人与人之间才会变得和谐和亲切，我们自身也会因此变得愉快而健康。一个懂得感恩并知恩图报的人，才是天底下最富有的人。

拥有感恩之情，我们便会时刻拥有报恩之心，有了报恩之心，就会把成就归功于大家，失误归过于自己，就会把组织的优点告诉大家，把组织的不足告诉领导，在这个过程中我们可以潜移默化地提升自己的行动力。

1. 要感恩社会

要学会消除心理积怨，要用感恩之心为自己的过错或罪行发自内心地忏悔并主动接受应有的惩罚。稀释我们心中狭隘的积怨和仇恨，用感恩之心帮助我们渡过最大的痛苦和灾难。

要用感恩之心逐渐原谅那些曾和你结怨甚至触及你心灵痛处的那些人。要用感恩之心把牺牲精神凝聚在自己体内，当需要舍弃个人英雄主义时，我们坦然面对；在组织困难的时候，甘愿做出自我利益的牺牲；在他人困难的时候，甘愿不计利益提供帮助。

牛根生感恩社会，首家捐资 1200 万元抗击“非典”，向人民教师捐赠价值 3000 多万元的产品送健康；向地震灾区捐助价值 60 多万元的牛奶；向寒门学子捐献学费 3 万元；每年春节，牛根生都要带领公司领导到周边旗（县）访贫问苦，送米、送钱、送温暖。

牛根生奉行“财散人聚，财聚人散”的哲学，至于他在伊利和蒙牛自掏腰包感谢他的下属和员工，究竟散尽多少家财，恐怕连他自己也很难说清楚。

牛根生正是用一颗真诚、驿动的感恩之心，养育了内蒙古的“蒙牛”。

2. 要感恩父母

人生在世，想要感恩的人数不胜数，如曾经给你帮助的朋友，疼爱我们的爷爷奶奶，充实我们内心世界的导师等，但最应感激的却是我们的父母。正是他们无私而伟大的爱，才成就了我们的今天。

父母也许给不了我们金钱、地位、名誉、豪宅，或者是一副美丽的容颜，但他们给了我们世界上最重要的东西，那就是我们的生命。

不要总抱怨父母给予我们的太少，我们要学会对父母感恩。是父母赐予我们生命，是父母辛辛苦苦把我们养大，照顾我们的生活，教导我们如何做人。等到父母两鬓斑白时，他们依然会清晰地记起我们绽放的第一朵微笑，记起我们蹒跚走出的第一步和人生路上的每一点、每一滴。

常怀感恩之心，我们便会更加感激和怀念那些有恩于我们却不言回报的每一个人。正是因为他们的存在，我们才有了今天的幸福和喜悦。

不知感恩父母的人，即使他资金、实力雄厚，也不值得合作与赞赏。

有位中学生和母亲吵架后，负气离家出走，由于匆匆出走未带分文，饥寒交迫难以度日，几经挨饿受冻后不得不缩身在面包店旁，以乞求的眼光望着面包店的老板。老板很有慈悲心，见状立即烧碗热腾腾的面给他吃，他非常感激老板。老板说，煮一碗面给你吃没有什么好感谢的，你要感谢的是从小到大每天都煮饭给你吃的母亲。

现实生活中，人们可以为一个陌路人的点滴帮助而感激不尽，却无视朝夕相处的父母的种种恩惠，将一切视为理所当然。社会青少年犯罪增多与他们内心缺少感恩之情有很大关系。

3. 要感恩老师

我们应该学会感谢老师辛勤的教育，感恩他们的谆谆教诲，正是老师的言传身教才使你学会了很多知识和技能。然而，再多赞美的言语和华丽的辞藻也不及我们用爱和行动来感恩老师。

4. 要感恩上级

我们是否想过，正是因为企业领导呕心沥血的工作，公司才有今天的发展；正是因为有领导的谆谆教诲和逐步培养，我们才有所进步；正是领导给你提供了工作机会，提供了学习提高的平台，才使你得以实现自己的人生价值。

一个企业如同一个大家庭，员工与领导的关系不应该是对立的。对于企业所提供的机会和施展个人才能的舞台，员工应怀感恩之心。当然，对于员工为企业所作的贡献和所创造的财富，企业的所有者也应该满怀感激之情。

如果彼此之间常怀感恩之心，许多问题便能迎刃而解，就不会再患得患失、离心离德，而会互相理解、互相支持、互相依托。只有这样，员工才会将企业当成创业之家、合作之家、感情之家。

5. 要感恩同事

同事是你身边的伙伴，不能树立敌意，不能互相拆台。常怀感恩之心，对别人、对环境就会少一分挑剔，而多一分欣赏。少一分抱怨，多一些满足，就能激发我们行动的意愿，积极做好自己的工作。

在工作交往中，我们可以写一张字条给同事，感谢他在工作中给予你的支持；可以一起聚会谈谈心，消除以往的隔阂及误会；可以在同事需要帮助的时候伸出双手，帮助别人解决问题的同时也是提高自己。

感恩是相通的，同事也会以同样的方式来表达他的谢意，感谢你所提供的帮助。成功守则中有一条黄金定律：待人如己。也就是凡事为他人着想，站在他人的立场上思考。

这条黄金定律不仅是一条道德法则，而且是一种动力，能促使你行动起来，为你值得感恩的人做事、做好事，推动你的工作和他人的发展。当你试着待人如己，多替企业和别人着想时，你身上就会散发出一种善意，影响和感染到你身边的人，促使你辛勤工作、和谐向上，产生最为强大的行动力，把工作做到卓越。

6. 要感恩客户

客户是企业的伙伴，是企业的消费群体，是帮助企业实现利润的使者，因此，我们把客户称作企业的上帝。

你不会处理与客户的关系，就不能完成良好的售后服务，不能在第一时间满足客户的需求，那你就是在砸自己的饭碗、砸企业的饭碗。当然，善意最终会回报到你的身上。如果今天你从客户那里得到一份同情和理解，就会带来意想不到的收获。与此同时，你的人格魅力也会罩上谦逊的光彩，你无穷的智慧将被源源不断地挖掘出来，你神奇的力量将会变成良好的信誉和成功。

失败的沮丧、自我成长的喜悦、严厉的上司、温馨的工作伙伴、值得感谢的客户，这些都是人生中值得总结的经验。

如果你每天都带着一颗感恩的心去工作，相信工作时的心情自然是很愉快而积极的，你也自然就拥有了强大的行动力和成就感。

感恩是理所当然的行动。怀有感恩之心的人不但能从亲人、上级、客户和朋友那里得到宽慰和收获，而且也能从对手那里得到收获。因此，感激养育你的人，因为他给予了你生命；感激教育你的人，因为他丰富了你的心灵；感激关爱你的人，因为他教会了你付出；感激启迪你的人，因为他提升了你的智慧；感激伤害你的人，因为他磨炼了你的意志；感激欺骗你的人，因为他唤醒了你的良知；感激折磨你的人，因为他锻炼了你的毅力；感激打击你的人，因为他强化了你的能力；感激批评你的人，因为他拓宽了你的心胸。

13.2 常怀忠诚之心

职业经理人作为企业管理高度专业化、职业化的产物，是企业的高级人力资源并逐渐成为现代企业中具有决定性作用的特殊群体。作为企业战略性资源、知识资本和智力资本的重要载体，职业经理人在企业能力、核心竞争力、持续竞争力的开发过程中发挥了决定性作用，是企业核心竞争力与持续竞争优势的重要源泉。

优秀的职业经理人拥有专业的管理知识和丰富的实践经验，善于决策和战略管理，能够正确制定企业的战略发展目标，善于协调和改善企业经营的内外部环境。可以说，职业经理人是企业的核心竞争武器。正是基于职业经理人的重要性，所以，作为职业经理人，应该对自己职业忠诚和对企业忠心。

1. 用价值观定性忠诚

员工忠诚度的把握和提升，主要围绕着建立和延伸员工的忠诚度等众多的工作来展开。

一方面，员工要融入到企业这个环境中，适时根据企业的要求调整某些不切实际的期望值和价值观，在企业为自己提供的一方舞台上尽力扮演好相应的角色，须知这个舞台企业能提供给你，也同样随时可以撤回。

另一方面，更重要的还是用人企业对建立稳固员工忠诚度所采取的各项措施。如著名的柯达公司建立员工的忠诚度方面采取的措施就包括全面的包容性企业文化、顺畅的交流沟通渠道、长期稳定的事业发展、无忧的福利条件及细致的人性化管理等等，基本从企业发展和管理的层面对培育员工忠诚度构建出一个良好的氛围。

作为一名员工，首先应该是一名职业人，当你在选择企业时，首要考虑的应该是企业价值观与个人价值观是否一致。比如，你是一个在正规企业工作多年的员工，那么你就不能选择在管理不规范、机制不成熟的某些民营企业就职，特别是到一些综合素质不高、信誉较差的家族企业就职。因为，企业的价值观与你的价值观很不一致，最终会导致你离开。

(1) 要树立忠诚的事业观。百分之百忠诚于你的企业和领导，那么，你就会认可你的企业和领导，你会把企业看作自己的企业，把工作当作事业来经营，你会有强烈的主人翁意识。这样，你就会产生行动的意愿。

另外，员工是企业发展的动力，而企业又给每个员工提供了自我发展的平台。只有忠诚于企业的员工，才能在企业的发展中实现自我价值。

员工的忠诚和企业对员工的信任是相辅相成的。员工投入的忠诚越多，企业对他的信任就越高，这样一种良性循环会让我们的事业蒸蒸日上；相反，如果形成一种恶性循环，就会导致我们被淘汰出局。

企业与员工是一种休戚与共、密不可分的关系。一个发展势头强劲的企业，必然使全员同心协力、共谋发展。

能力固然重要，但发展的阶梯能否步步高升，则在于你对企业是否忠诚、可靠。

马尔蒂斯是美国一家金属冶炼厂的技术骨干，由于工厂准备改变发展方向，他觉得工厂不再适合自己，准备换一份工作。对于马尔蒂斯而言，凭借他的自身能力，要找一份工作是轻而易举的事情。很多公司很早以前就对他发出了邀请函，但是都没有成功。这次是马尔蒂斯主动提出辞职，很多公司认为这是获得他的绝好机会。

许多公司以高薪聘请马尔蒂斯，但是马尔蒂斯并没有因为这些优厚的报酬而背弃自己的某些原则。因此，马尔蒂斯拒绝了很多公司的邀请，最后决定去全美最大的金属冶炼公司应聘。

负责面试的是该公司负责技术的副总经理，他对马尔蒂斯的能力没有任何挑剔，但是却向他提出了一个让他很失望的问题：

“我们很高兴你能够加入我们公司，你的资历和能力都很出色。我听说你原来的厂家正在研究一种提炼金属的新技术，听说你也参与了这项技术的研发，我们公司也在研究这门新技术，你能把你原来厂家研究的进展情况和取得的成果告诉我们吗？你知道这对我们公司意味着什么，这也是我们聘请你来我们公司的原因。”那位副总经理说。

“你的问题让我十分失望，看来市场竞争确实是需要一些非常手段，但是我不能答应你的要求，因为我有责任忠诚于我的企业。尽管我已经离开它了，但任何时候我都会这么做，因为信守忠诚比获得一份工作重要得多。”

马尔蒂斯身边的人都为他的回答感到惋惜，因为这家企业的影响力和实力比他原来的工厂要大得多，能在这家公司工作是无数人梦寐以求的，但是马尔蒂斯却放弃了这个绝好的机会。

就在他准备去另一家公司应聘的时候，那位副总经理给马尔蒂斯寄来了一封信，他在信中写道："马尔蒂斯先生，你被录取了，并且是做我的助手，不仅是因为你的能力，更因为你时时刻刻都想着为自己的企业保守商业机密，你的可靠放大了你的能力！"

真正忠诚的表现是：第一，员工不仅做好本职工作，还对企业有认同感；第二，员工能够不断地创新，善于思考，并提出建设性的建议；第三，积极参与企业的各种活动。有些人总是游离于公司的活动之外，当你发现某个人对公司所组织的活动逐渐失去兴趣，这可能预示着他要另找"东家"。

以上这些是关注企业的发展，与企业同生存、共发展的表现，反之，就是伪忠诚。

（2）要树立忠诚的利益观。古代的忠诚是对皇帝、对国家、对民族忠心耿耿，绝无二心，临危受命，连个人最宝贵的生命都可以牺牲。今天的忠诚，对企业而言，是忠心如一，认定集体利益永远高于个人利益。

我们不得不承认，从某一个时间段上看，个人利益与企业利益之间存在着一定的冲突。但如果从一个较长的时期来看，个人利益与组织利益绝对是统一的。很显然，效益越好的企业，员工的收入也越丰厚，反之，效益越差的企业，员工的收入也越微薄。

所以，不要太计较一时得失，如果每一个员工都把目光放长远一点，今天少索取一点，让企业发展更快，明天获取的就不会是眼前的一点，可能是许多倍。

在追求成长性目标的私营企业主中，他们在招聘经理人，也有不少采取相对务实的态度，更注重对方是否是个"能干的经理人"。强调能力固然没错，但是如果不结合企业安全性目标考虑，给企业带来的风险可能比追求"学历至上"还要大。

能力强的人不等于综合素质高，因为能力强的人如果没有高素质的约束，其释放出来的破坏力量要远比能力弱的人大。

需要注意的是，虽然国家一直提倡素质教育，可实际的结果并非如此，课堂教学与现实生活的巨大反差使得契约精神难以在新一代人身上培养起来；信息不对称问题的存在、社会信用的极度稀缺与法律惩罚机制的不健全产生“逆向选择”作用，反而容易将原本素质良好的职业经理人淘汰出市场。所以，那些素质低下的经理人一旦进入到企业，就好似在企业埋了一颗定时炸弹。

1999 年，兰州黄河集团董事长杨纪强聘请了一位非常能干的总经理，她不负众望，将企业成功上市。但是，这位女职业经理人却很快在北京另立董事会，并架空了杨纪强。如果发现不及时，杨纪强的数亿资产从此就归在别人名下了。

广东潮州的一家企业，其外派的片区经理陀某，在短短一年多时间就拿下整个温州市场，而且销售业绩一路上扬。但是，很快就有人举报说陀某联合经销商诈骗公司钱财几十万元。

最后，公司请公安局出面，驱车数千里抓陀某归案。而当初老板招聘陀某时，公司曾有人反映此人能力虽强但素质不高，在以前的公司经常是大错不犯，小错不断。可老板因为急需开拓市场的人才还是录用了陀某，结果自食其果。

企业与每个员工的工作关系是如此紧密相连、密不可分，企业的效益和企业发展直接影响到每个员工的生活环境与生活质量。作为企业的一分子，只要我们把身心融入企业，“守土有责，上下同欲”，按照企业制定的大政方针，“心往一处想，劲往一处使”，不生任何贪取之心，就能在自己的工作团队中用自己的忠诚换取长效的回报。

（3）要树立忠诚的患难观。

1993 年，正当经济危机在美国蔓延时，哈里逊纺织公司因一场大火化为灰烬，3000 名员工悲观地回到家里，等待着董事长宣布破产和失业风暴的来临。在漫长而无望的等待中，他们终于接到了董事会的一封信：

向全公司员工继续支付薪酬一个月。

在全国上下一片萧条的时候，能有这样的消息传来，员工们深感意外。他们惊喜万分，纷纷打电话或写信向董事长亚伦·傅斯表示感谢。

一个月后，正当他们为下个月的生活发愁时，他们又接到公司的第二封信，董事长宣布，再支付全体员工薪酬一个月。3000 名员工接到信后不再是意外和惊喜，而是热泪盈眶。

在失业席卷全国、人人生计无着落的时候能得到如此照顾，谁不感激万分呢？第二天，他们纷纷拥向公司，自发地清理废墟、擦洗机器，还有一些人主动去南方一些州联络被中断的货源。3 个月后，哈里逊公司重新运转了起来。

当时的《基督教科学箴言报》是这样描述这一奇迹的：员工们使出浑身的解数，日夜不停地卖力工作，恨不得一天干 25 小时。现在，哈里逊公司已成为美国最大的纺织品公司，分公司遍布五大洲的 60 多个国家。

当遇到这样的困境时，我们会怎么做呢？拿到赔款一走了之还是从此一蹶不振？还是如文中的公司董事长，在失去了一个纺织厂后，又得到了一个纺织厂和一群忠心耿耿的员工。显然，后者才是最宝贵的财富。

很多企业其实并不缺乏人才，缺少的只是能够与企业和领导荣辱与共、同舟共济的心。

不忠诚于领导的员工或许能够找到一份待遇优厚的工作，却永远也无法获得卓越的成功。因为不忠诚于你的领导你就会永远以员工的思维方式来思考。所以，你永远只是一个普普通通、平平庸庸的员工。只有忠诚于你的领导，你才能用领导的思维方式来思考问题。只有这样，你在职场中才能跨进成功的门槛。

企业里都有一个无形的“同心圆”，圆心是领导班底，不同程度忠诚于领导或公司的人，分布于离“圆心”不同远近的外圆上，忠诚度越高的人，离“圆心”越近，而忠诚度越低的人，则离“圆心”越远。

这个同心圆之所以是无形的，是因为它不是由有形的组织或职位来决定一个人和领导的距离远近，而是由看不见的忠诚度来决定的。

离领导越近的人，不一定是公司的高层主管，离领导越远的人，也不一定是公司最基层的职员。但有一点却是肯定的：越靠近同心圆“圆心”的人，越可能获得稳定的职业和稳定的回报。

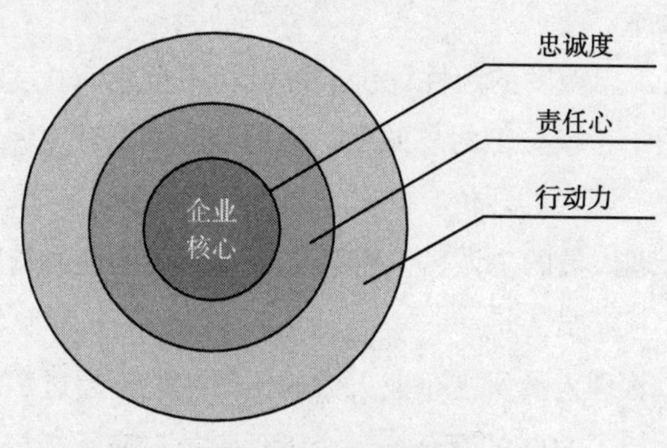

图 13–2 企业核心

（4）要树立忠诚的形象观。忠诚，就是要求我们在公司以外任何地方不可以做出有损公司形象的行为。在公司以外的地方，企业里的每个员工的言谈举止都代表公司的形象。

因为你接触的每一个人，都会给他们留下好的或坏的印象，当你对公司以及公司的产品给予肯定的时候，你就肯定了你自己，你就提高了自己的信誉，你就增强了信心，你就给对方留下了更好的印象。

忠诚可以提升个人和组织行动力，凝聚力量、焕发活力，促进团队和谐，确保企业健康发展。一个人具有忠诚的品质必定奋发有为，一个集体、一个团队具有忠诚的内部关系必定众志成城。

2. 用领导力感召忠诚

作为企业高级职业经理人，尤其是企业的最高领导者，如果有机会要学会给自己造势。实际工作中，有些企业比较低调，低调没有错，我不反对做人低调，但我反对做企业低调。为什么？将来企业的竞争就是文化的竞争，就是品牌的竞争，就是产品品牌的竞争，就是服务品牌的竞争。

而品牌从哪里来？品牌需要宣传、需要整合、需要打造、需要树立、需要创新。

树立品牌形象就是要让顾客知道你，这样才有可能认可你。

（1）进行定量评价，建立一个指标体系。员工的素质、企业提供的发展机会、人力状况、薪酬体系、管理的能力等，这些都是评价指标体系当中的几个关键要素。

（2）把握员工忠诚度的定性评价。可以利用企业360度绩效考核作为评估的工具，用于考核员工的忠诚度。何谓360度忠诚度评价？就是指上级、同级、下级、客户的评价。

（3）保障管理人员的忠诚度。管理人员是企业的核心管理层，通常在人力资源上又叫核心员工。

一般来说，管理人员所占企业人数的比例往往不超过20%，甚至还要少，但是他却承担了80%的责任。一个管理人员左肩承担权力，同时右肩需要承担责任，因此，管理人员非常重要。

在提拔选定管理人员时，普遍采取以下两种方法：一是从内部考察、选择和提拔；二是外部招聘。这两种方法在企业的实践案例当中各有成功，各有失败。

内部提拔可以使我们对这个人了解得更多、更透彻。但是也可能会造成企业缺乏新鲜的活力，同时还可能造成企业的党派林立，甚至会产生一些严重的裙带关系。

而外部选拔主要应做好人才评估和忠诚认定，不能更多地迷信于他全身的“镀金术”，比如假留学生、假投资、假资格等。

（4）全面监控员工的忠诚度。一是把忠诚度确定为招聘和选择人才的导向。在招聘员工时，我们应把忠诚度作为一个重要的指标来考量，而不能够仅限于专业、学历、经验、薪酬等若干要求。

忠诚度一定要作为职业道德当中一个重要的指标来考虑，通常我们可以采用排除法，排除潜在跳槽危险系数比较大的应聘者。

二是看他的个人价值观与企业有没有相互冲突的地方，或者有没有不相符合的地方。

三是坚持诚信原则，保证双方的信息交换真实可靠。

外资企业尤其是世界500强企业，它的人力资源招聘相对而言，比较完善和系统。他们在招聘员工时，虽然采用多种招聘方式，但都有一个共同点：他们会考察应聘人员的价值观和工作态度。

3. 用道德理念固化忠诚

职业素养是一个员工最基本的素质，一些没有行动素养和道德理念的员工终会被企业所摒弃，我们不妨对这样的员工进行一下简单的分类：

鲨鱼型：自以为是，我行我素，不愿与人合作。

古董型：墨守成规，不愿意接受甚至拒绝任何新事物、新观念。

机器型：机械服从，发个指令他才会动一动，缺少积极主动精神。

喇叭型：叽里哇啦，只喊不做，雷声大雨点小。

狐狸型：不凭实力，专搞阴谋，隔岸观火、背后拆台。

迟缓型：动作迟缓，效率低下，跟不上时代的快节奏。

多病型：小病大养，无病呻吟。

职业素养的基本要求是：一是遵章守纪；二是坚决贯彻：不折不扣，坚决执行上级下达的指令；三是精益求精：始终保持最好水平，用心改进，注重细节；四是凡事求是：事前有目的、事中有控制、事后有评判。

由于一些人员的心态不稳，就会有如下表现，从而进入企业的警示区：

第一类，频繁跳槽，缺乏一个等待的心态。对这个企业没有一个充分的了解就跳槽。比如，一个刚刚毕业两年的大学生在找工作、填简历时，填满了工作经历这一栏还不够，后面还填了16家公司，两年内更换了16份工作。这对于人才的成长绝对无益。

这是目前企业的一个常见的问题。企业在招聘人才时，通常都需要一段时间的观察，而不是直接按部就班。由于一些员工缺乏稳定的心态很快就选择跳槽。

第二类，做事不深入，敷衍了事。中国现在社会确实存在这样的现象，没有一个成熟的职业化心理。

第三类，没思路，却不执行。

第四类，没能力，却不服从。

第五类，先怀疑，后相信。

人才有四品，上品是什么？有才有德，是企业需要的真正的人才。中品是什么？有德少才。下品是什么？无德无才。毒品是什么？有才无德。换句话说，如果对于一个无德的人谈忠诚，那是白费力气。因此，职业道德的教育培训和提倡可以帮助我们从根本上提升整个企业员工的素质，提升我们员工对工作、对人生、对事业的看法，而且最重要的是可以落实到我们的忠诚度。

为了便于大家实际操作，我将职业道德做了一个提炼，有十条可能对众多企业有所帮助。因为我提炼的不是特指某个行业，而是共性的道德教育，是一个职业道德的基础。做餐饮行业和做服装行业的职业道德可能不一样，做服装行业和做机械制造行业的职业道德可能也不一样。但是有一个根本基础就是十项修炼，我把它与中国的传统文化对应起来。

仁、义、礼、智、信、温、良、恭、俭、让，这十个字就是我们儒家做人的总结和归纳，我将它与职业道德对应起来。

仁，对应的是爱岗敬业。

义，对应的是办事公道。

礼，对应的是文明礼貌。

智，对应的是开拓创新。

信，对应的是诚实守信。

温，对应的是尊重宽容。

良，对应的是遵纪守法。

恭，对应的是承担责任。

俭，对应的是勤劳节俭。

让，对应的是团结互助。

这十个字就可以对应十项职业道德，可以作为工具，用于教导和培养你的员工。

13.3 常怀敬业之心

实际生活中，多数人只把工作当作是赖以生存的手段，仅仅希望从中得到金钱、地位，很少考虑自己应尽的责任。一个没有责任感和使命感的员工不会是一个有信誉的员工，当然更不是一个优秀的员工。即使你是一名普通员工，只要你能担当责任，就是领导最需要的员工。

职业经理人应该非常重视个人能力的培养和职业道德的修行，注重业绩的提高和市场的评价，即职业经理人应具备较高的个人素质和较高的专业技能和管理才能，较强的敬业精神、创新意识、冒险精神和竞争的冲动，坚韧不拔、自信果断和强烈的事业心。

敬业有三个指标：一是恭敬。对待自己的工作敬若神明，尊重自己的工作和事业。二是关注。专心致志做好自己的事情。三是谨慎。做事小心谨慎。

一般来说，高度的责任感与敬业精神紧密相关，如果你对企业和领导有很强的责任感，那么，你也一定具有强烈的敬业精神。而敬业精神是行动的先导，你拥有了敬业精神，你就会主动地去承担任务，在向困难迈出第一步之时，也意味着你开始向成功迈出了第一步。

20世纪90年代，我国的一个代表团到韩国洽谈商务，代表团车队的先导车由于开得较快，为了等待后续车辆，暂停在了高速公路的临时停车带。几分钟后，一对驾驶“现代”跑车的年轻夫妇停靠了过来，问代表团的同志，车辆出了什么问题，是否需要他们的帮忙。因为这对夫妇中的男士是现代汽车集团的职员，而代表团的车辆恰好也是现代汽车集团生产的汽车，这就是一种关注。

敬业的员工的确为企业需要，但敬业更是你所需要的，你必须依靠敬业立足于职场，你才是敬业的最大受益人。

世界上大多数人是为薪水而工作，如果你能不为薪水而工作，你就超越了芸芸众生，也就迈出了成功的第一步。拿破仑曾经说过："敬业是一种极为难得的美德，它能驱使一个人在不被吩咐应该去做什么事之前，就能主动去做应该做的事。"那些在职场中平平庸庸，只是被动地应付工作，为了工作而工作的人，他们没有投入自己全部的热情和智慧，他们只是机械地完成任务，而不是敬业地工作。

如果一个人以一种尊敬、虔诚的心灵对待职业，甚至对职业有一种敬畏的态度，他就已经具有了敬业精神。但是，如果他的敬畏心态没有上升到视自己职业为天职的高度，那么，他的敬业精神还不彻底，他还没有掌握它的精髓。天职的观念使自己的生命信仰与工作联系在了一起。只有将自己的职业视为自己的生命信仰，才是真正掌握了敬业的本质，你才能具有一个非常良好的职业心态。

第十四章 职业操守在于自强、自律

专家点悟

职业经理人在摆正心态的同时，还应做到纪律上绝对服从、工作上顾全大局、务实上立足简单、行动上不能拖延。要让人人服从公司领导，人人执行公司决策；要有很强烈的团队合作意识，并以团队为中心，在个人行动上顾全大局；要教育并培养员工从小事做起；减少过多地抱怨，更多地开展积极的行动。

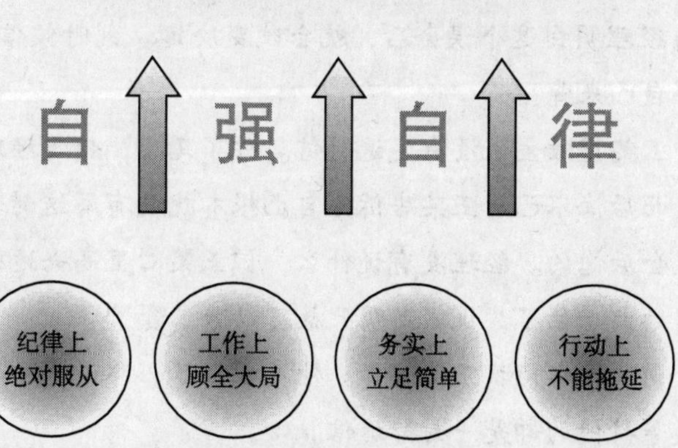

图 14-1 职业操守在于自强自律

14.1 纪律上绝对服从

商场如战场，企业就是军队，领导就是指挥官，他的威严自然是不言而喻，特别是私营企业，老板就是你的饭碗。要想保住自己的饭碗，需要做到绝对地服从。只有做到了绝对服从，才会迅速行动起来，按照指示和命令去完成任务。

一个团队需要能力突出者做出贡献，但是如果不服从管理，这样的人才对团队毫无用处，只会给企业带来麻烦。在企业里，不服从领导的人，即使才华出众，也不会得到长久的发展。

王某是联想集团某地区公司销售经理秘书，主要负责销售经理的文书工作。有一次，由于误会，销售经理和另外一家供应商的王总发生了矛盾。销售经理一气之下让王某给王总写封信，告诉对方双方终止合作。

王某知道联想的大部分原材料都是由王总公司提供的。最主要的是，销售经理和王总的关系非常好，不会因为一个小小的误会而终止合作，说不定等销售经理明白这个误会后，就会改变决定。到时候信是自己写的，黑锅还不得自己来背？

于是，王某擅做主张没有发这封信。过了几天，销售经理为自己做了错误的决定而后悔不已。王某告诉他自己根本就没有写这封信，因为他知道经理一定会后悔的。经理没有说什么，但王某心里高兴地想：这下自己可成了公司的大功臣了，说不定明天就可以涨工资了。

第二天，人事部门找王某谈话。他高兴极了，难道真的要给自己涨工资了！可是等待他的却是一封辞退信。

（1）绝对服从要求我们按照命令做正确的事，做上级要求我们做的事，而不是凭自己的主观臆断想当然地去完成任务。

在企业中经常有这样一个现象：领导的命令一提出，下属就发挥自己的“聪明才智”，大谈自己的见解和不执行的理由，有的甚至还拒不服从。试想一下，这样的人才怎么能受到企业的欢迎呢?

绝对服从不是让我们放下自尊去拍领导马屁，而是有纪律地完成企业领导所下达的任务。这是一个企业必须具备的原则，它是企业向心力的必要保障。

在企业里，员工的任务是履行自己的职责和完美地完成工作，而不是在公司里面表现自己的个性。

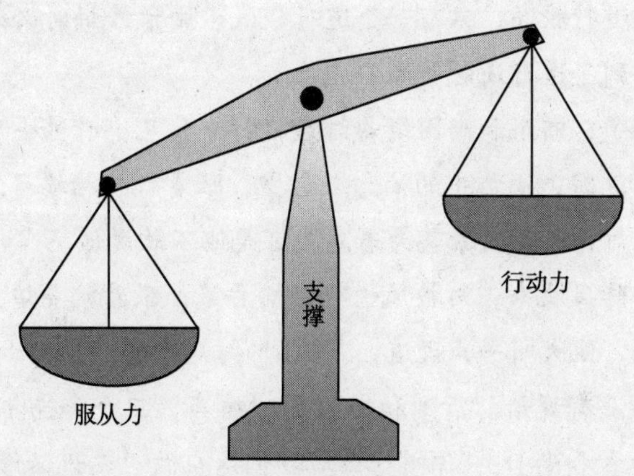

图 14–2 服从力第一

(2) 对有异议的指令要先服从，然后再向领导建议，共同商讨更合适的决策指令。

在这个过程中，可能领导会改变他的最初指令，也可能仍然坚持自己的看法。如果领导坚持你就必须服从执行，而不能自作主张地放弃执行。否则，即使你的意见是正确的，领导依然会因为你的不服从而恼羞成怒。因此，对于有异议的指令千万不可自作主张。

有一句古话说得好：“恭敬不如从命。”面对上司，下级首先应该做的就是服从。下级不服从上级就无法开展工作，也就不能保持正常工作关系，两者也无法融洽相处，更谈不上工作默契。可以说，服从是上司观察和评价自己下属的一个尺度。

(3) 服从是行动的第一步，处在服从者的位置上就要遵照指示做事。

服从是公司重要的生产力，没有服从观念的公司是没有发展前途的。所有团队协调运作的前提条件就是服从。只有做到服从，你的创造力和主观能动性才能得以发挥。否则，再好的策划也不能有效执行。要做到服从，你必须暂时放弃个人的独立自主，全心全意去遵循所属机构的价值观念。

某寺庙有四个和尚为了修行，他们一起参加禅宗的“不说话修炼”。其中，有三个道行较高，只有一个道行较浅。由于修炼时必须点灯，点灯的工作自然落到了道行浅的和尚D肩上。

修炼开始了，四个和尚围绕着灯盘腿打坐。几小时过去了，四个人始终默不作声。这时，油灯中的油愈燃愈少，眼看就要枯竭了。D和尚眼睛始终盯着那盏灯，见此情景甚为着急，可是他不敢说话。

突然，一阵风吹来，灯被风吹得左摇右晃，眼看就要熄火了。和尚D实在忍不住了，他大叫一声说道：“糟糕！灯熄了！”其他三个和尚由于闭目打坐，始终没有说话。听到和尚D的叫喊声，三个和尚都睁开了眼睛。和尚C立刻斥责和尚D：“你叫什么！我们是在做‘不说话修炼’，你怎么能够开口说话呢！”和尚B闻声大怒，冲着和尚C大喊：“你不是也说话了吗？”和尚A一直沉默静坐，始终没有说过一句话。

从这个故事中不难看出，前两个和尚在指责别人“说话”之时，却不知道自己也犯下了“说话”的错误。

在实际生活和工作中，我们也会犯同样的错误，往往只看见别人的过失，却看不见自己的错误。只有严于律己才是成就事业的开始。因此，公司要把服从意识作为重要理念来看待，要下大力气在公司内部营造人人服从公司领导、人人执行公司发展战略、规划和计划的文化氛围。

在公司内部，领导就是领导，员工就是员工，下级对上级服从是公司的绝对法则，是每个员工的天职。

(4) 要有所收获，员工就需要具备服从的素质，服从企业的安排是员工走向成功的最佳捷径。

作为企业的新员工，不论被分派到哪一个部门，即使这个部门并不是他所希望的，他都不会提出太多的异议，服从在此时极有威力。但是，如果服从只是员工暂时的委曲求全，随着时间的推移，问题也会很快地暴露出来。因此，他对于服从的真正意义并未得到真正的理解。

这样的员工无法明白：企业对于他的安排正是基于企业对于他的了解，针对企业自身的需要，安排他一份适合自己的工作，如果他能够认真地在这个岗位上尽职尽责地工作，必然得到令他满意的收获。

而一个不服从企业的员工，最终的结果只会是与企业之间失去相互的吸引力，员工将面临两种选择：一是员工“跳槽”，另谋他就；二是企业将员工辞退，请他离开企业。但是不管是哪一种结果，对于员工而言，都不是完美的结局。所以，对于企业的每一位员工，服从企业的安排才是最明智的选择。

如果将服从比作军人的天职，那么，对于企业员工，服从便是一种美德。

端正自己的心态，用一颗事业之心从事你的工作，用工作的激情整合你的职业心态。而要做到这一点，就必须明确自己与企业、职业的关系。

(5) 只有明白了服从的长远意义的员工，才能够具有持久的行动力。

如果企业员工没有真正理解服从的长远意义，他们对工作就不会抱有持之以恒的态度，更不会有实际行动。

在工作中，没有明确的工作目标，就会出现“三天打鱼，两天晒网”、“做一天和尚撞一天钟”的消极情绪。这样的员工，在未来伴随他的只有失败。

无论你从事何种职业，从现在开始打造自己服从的素质，用积极的态度服从企业的要求，用忠诚与诚恳提升你工作的质量。最终，你将可能成为企业的精英，企业也同样会给你提供更多学习与进步的机会，从而获得双赢的结局。

有这样一个有趣的故事：有一天，太子陪唐玄宗一起进餐。餐桌上摆满了各种佳肴，其中有一盘羊腿，唐玄宗让太子割羊肉。太子割完羊肉后见手上都是油污，便顺手拿起一张面饼擦手。唐玄宗眼睛直盯着他的脸，露出不高兴的神色。太子擦完手，慢慢地把饼送到嘴边，有滋有味地把饼吃掉了。这时唐玄宗转怒为喜，对太子说："人就应该这样。"

唐玄宗很爱惜粮食，当他看到太子以面饼擦手时非常恼火，以为太子是在糟蹋粮食；当看到太子从容地将擦过手的面饼吃掉时又转怒为喜，认为太子和自己一样，能"以贱为本"。

当然，在企业领导集体中，组织上服从领导，但绝不是盲从，并不是凡是领导说的都要听从，凡是领导决策的都要遵循。盲目服从可能是对领导的一时的恭维，但从长远的角度来看，不加分析盲目服从上级的决策，可能会害人害己。

14.2 工作上顾全大局

凡是有高素质的职业经理人都具有很强烈的团队合作意识，并以团队为中心，在个人行动上顾全大局。当今世界是个团队合作的社会，工作团队已成为世界标杆企业在组织设计上的主流趋势。

不论在经济发达的美国、日本、西欧国家，还是在国内一些经济不十分发达的地区，团队合作越来越被企业管理者所重视，在许多招聘广告上,"有团队精神"已成为必要条件。

1914年，托马斯·沃森创办了著名的IBM公司。他看到当时有些企业

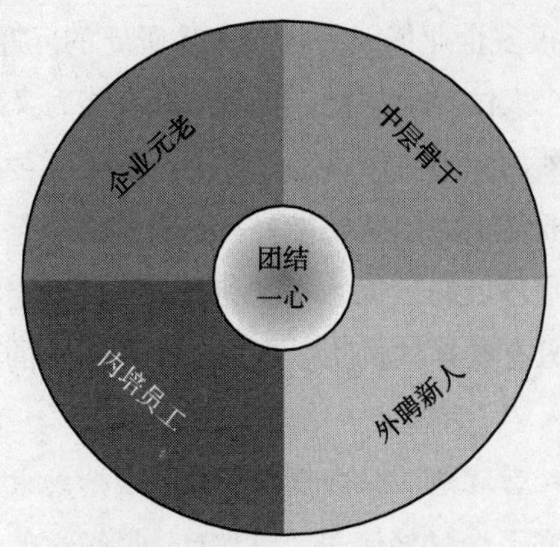

图 14-3 企业内部人员结构

内部风气不良，许多老员工欺压新员工，新老员工之间发生了摩擦，职工内部很不团结。为了避免由于内部不团结而造成损失的情况在 IBM 公司发生，托马斯·沃森提出了“必须尊重每一个人”的宗旨。

现在，IBM 公司内部非常团结，每个员工都具有很强的合作意识，不能不说这也是托马斯·沃森取得成功的一个重要因素。

麦肯锡公司在一次招聘人员时，一位履历和表现都很突出的女士一路过关斩将，在最后一轮小组面试中她伶牙俐齿，抢着发言，在她咄咄逼人的气势下，小组其他人几乎连说话的机会都没有，然而她落选了。

麦肯锡公司人力资源部经理认为，这位女士尽管个人能力超群，但明显缺乏团队合作精神，这样的员工对企业的长远发展是有害无益的。

为什么员工的团队精神如此重要呢？因为一个员工没有了团队精神，每个人都为自己利益着想，企业的每个人便成了一个单干的个体。这样，企业就失去了凝聚力，犹如地上散落的珠子。在一个企业里，只有拥有一支富有激情和团结的团队，这个团队才是一个战无不胜的整体。

1. 排除诱惑，不背叛企业

在经济高速发展、物欲横流的今天，最珍贵的是敬业和守信。现代社会的竞争日益激烈，高学历的人才比比皆是，对于企业而言，人才总量并不稀缺。但为什么很多企业依旧存在着人才匮乏的问题呢？答案很简单，企业不仅仅看重一个人的专业技能，更看重既有能力又忠诚的员工。

企业想要在激烈的竞争中求得稳步发展，除了需要企业领导人的正确领导决策外，还需要员工的团队精神。只有员工忠于企业，他才能不计报酬和名誉，不受周围环境的干扰、不受利诱，按照既定的目标始终如一地做好自己的工作。只有这样的员工所形成的这种强大的团队力量，才能促使企业飞速发展。

2. 按照企业的经营理念、服务理念和文化理念约束自己的行为

安利公司从成立至今已经走过了 47 年，业务遍布全球 80 多个国家，营销人员多达 390 多万人。

安利对营销人员的管理采用松散型管理，没有人规定你的任务，在这里没有传统的管理制度，没有人会要求你怎么做，但安利的每个员工都很努力，特别是团队的合作精神是很多企业都望尘莫及的。

究其原因就在于安利公司搭建了一个良好的平台，能够满足员工的心理，使每一位员工都能在这个平台上自由地发挥。同时，改变了填鸭式的管理制度，通过完善其先进的奖金制度，将营销人员个人行动力变为了团队的行动力。

显然，安利公司团队的行动力就是来自于每个安利员工的个人行动力。在安利公司，无论你以前从事过什么行业，你有什么学历背景，只要进入安利公司你就能够感受到合作团结的气氛。

3. 富有牺牲精神和奉献精神，要认识到团队利益高于一切

在日常的工作中，只要你自觉地服从组织的安排，就不会产生无端的抱怨，从而使自己自觉自愿行动起来。如果凡事以自我为出发点，把上级交给自己的任务当作包袱，认为自己最辛苦，别人都比自己轻松，这样的人，不但不能认真履行自己的职责，对他本人而言，也是一种损失。

尽心尽力地完成组织交付的任务，立即行动起来，与大家步调一致，协同合作，这本身就是一种良好的表现，也是确保团队成功的必要因素。

如果团队中的每一个成员都想着如何为团队增光添彩，做出贡献，想

着要各尽所能、恪尽职守地维护团队利益，不做有损于团队荣誉和利益的事，那么，团队不仅成功的机会大大增加，而且还会使团队由弱变强，由胜利走向辉煌。

同时，这对员工本身，也是一种巨大的收获。它能培养我们的能力，磨炼我们的意志，铸造优良的品质。一个跑步慢的人被放到一群跑步快的人当中，在大家的陪同下，他的跑步能力就会得到提升。同样，一个行动力强的人能带动团队其他队员积极行动起来，一个行动力强的团队也能带动那些行动力有些欠缺的队员，带动他们跑得更快。

14.3 务实上立足简单

海尔总裁张瑞敏曾说过：“把每一件简单的事情做好就是不简单，把每一件平凡的事情做好就是不平凡。”1996年，当海尔正步入快速发展的阶段时，他还一再强调：“目前，我们的一些中上层干部目标定得太大，但工作不细，只在面上号召了一下，浮浮夸夸，马马虎虎，失败了不知道错在何处，成功了不知道胜在何处，欲速则不达。”

同样，汪中求在《细节决定成败》一书中提到：“能做大事的人很少，不愿做小事的人极多。”

职业经理人要有理想，要有干大事的雄心，但一定要从小事做起，有把小事做细的韧劲。因为把小事做好不仅仅是工作务实的一种方法，而且小事中往往隐藏着成功的机会。

日本狮王牙刷公司的员工加藤信三为了赶去上班，急着刷牙时竟致牙龈出血。为此，他感到非常恼火，下班后，他跟几个要好的伙伴提及此事，并相约一同设法解决刷牙容易伤及牙龈的问题。

他们想了不少解决刷牙造成牙龈出血的办法，如将牙刷毛改为柔软的狸毛；刷牙前先用热水把牙刷泡软；多用些牙膏；放慢刷牙速度等，但效果都不太理想。

面对问题，他们并没有退缩，而是进一步仔细检查牙刷毛，在放大镜下发现刷毛顶端并不是尖的，而是四方形的。于是，他们着手改进牙刷。

加藤信三经过实验取得成效后，正式向公司提出了这一项改变牙刷毛形状的建议，公司很乐意改进自己的产品，欣然把全部牙刷毛的顶端改成圆形。改进后的狮王牌牙刷在广告媒介的作用下销路极好，连续畅销10余年之久，销售量占全国同类产品的30%~40%，加藤信三也由职员晋升为科长，十几年后成为该公司的董事长。

牙刷不好用，在日常生活中，是司空见惯的事情，但很少有人想办法去解决这个问题。而加藤信三既发现又设法解决了问题，结果他由此获得了成功。不屑于从小事做起，对小事情嗤之以鼻的人终究不会得到成功，而只有那些扎扎实实把小事也做到完美的人才会取得成功。

“天下大事，必做于细；天下难事，必成于易。”我们每个人的一生中都能遇到很多小事，但又有多少人能够像加藤信三一样认真对待这种“小事”呢？

现实生活中，很多人只会叹息自己没有那么好的机会，却不知生活中每件小事，都有可能为你提供成功的契机。如果你能将身边的每件小事做细并做好，对工作程序和上级部署的每一个细节都认真剖析、分解，那么，成功和认可就为期不远了。

14.4 行动上不能拖延

我们面临的是一个刻不容缓的时代，马上行动、决不拖延应该成为诠释职业化经理的第一要义。

拖延、懒惰就像一把锁，锁住了知识的仓库，使你的智力变得匮乏，使你的领导力无法得以施展。古今中外，很多知名人士和企业家非常注重时间和效率。彼得·德鲁克曾说：“真正推动社会进步的，是默默的高效工作着的人。”美国科学家、物理学家、发明家、政治家、社会活动家富兰克林曾经说过：“懒惰和拖延就像生锈一样，比操劳更能消耗我们的身体。”当然，世界上还有着许多激动人心的警句和格言，都在提醒人们不要做惰性的奴隶，不要成为工作的失败者。

习惯性的拖延者，总是为了没有完成某些工作而寻找借口，或者为了自己的工作没有按照计划得到实施而编造理由，蒙混公司，欺骗上司。

更重要的是，他们的这种行为其实就是在不断地进行自我欺骗，自我折磨，把自己弄得疲惫不堪。当然，这样的人不可能成为合格的领导，更不可能成为优秀的员工。美好的人生离他们也会显得很遥远，可望而不可即。没有任何公司对拖延成习的员工抱有什么希望，那些人终其一生都不会找到发挥才能的机会。

在工作中，作为职业经理人肯定会面临许多艰难任务或者难题。面对这些难题，头脑里可能会闪现很多念头：害怕失败，害怕经验不足。特别对于没有工作经验的员工，这样的想法尤其普遍。但是，在面对问题和困难时，你必须学会抛弃一切恐惧和疑虑，立即动手去做，除了结果没有任何其他的东西可以带来真正的影响。

立即动手是获得成功的第一步，是一个职业经理人在公司中能够得以表现突出的必备素质。只有立即动手的人才能够抓住转瞬即逝的机会，才能够很快地将自己的想法付诸行动并变为真正的现实。

改革开放初期，海南有一家有名的企业——海口饮料厂。这家企业之所以出名，是因为它原本是一个濒临破产的企业，最后却成为海南当地的明星企业。

王光兴就任海口饮料厂厂长之后，这个企业面临的是这样一个状况：产品滞销，资金呆死，生产基本停顿。

面对这样的状况，他给厂内的产品质检和研发部以及市场部的员工们下了一个命令：在15天之内改进主产品的原料结构，使之更加符合当代人的口味，并做出全国的市场分析详细报告。

15天！这并不是一个简单的任务。面对这样的任务，员工们有两种选择：第一，改造、救活企业是一个无法完成的任务，肯定会失败；第二，立即行动起来，分析原因，研究配方，调查市场，做好计划，并将这些措施落到实处。很显然，海口饮料厂的员工们选择的是后者。

凭着这种精神，他们在15天之内做到了王光兴所要求的一切。在不到3年的时间里，这个企业由一个积压了800多吨产品的企业转变成了一个年盈利108万元的当地明星企业，企业资产增加了4倍。

由此可见行动的重要性，如果没有立即行动的决心，你的意志和决心就会在犹豫中渐渐磨灭，最后的结果只能是人的惰性最终获胜，从而使得任何美好的计划都功亏一篑。

面对无数的计划和任务，如何取得第一主动权将是工作能否成功、能否获得同事与上级主管的敬意与赏识的最重要的一环。有人常说，在工作中，拖延时间是一种恶劣的行为，然而，这些人往往只是停在口头，却很少有人能够付诸行动，做到在工作中从不拖延时间，很少有人承认正是这种拖延的行为使自己渐渐对工作产生了惰性。而对于另一些人，对于上级下达的任务，即便困难重重，他们也不会牢骚满腹，而是马上行动。对于他们而言，拖延时间与不满并不能真正解决问题。

但是，在实际工作中，就存在一些惰性极强的人，他们通常以“与世无争”为理由，消极地对待工作。这种员工没有进取心，不愿意参与竞争，工作表现十分懒散。

2003年，美国最赚钱的公司不是零售业巨头沃尔玛，也不是在IT行业里的某个大型企业，而是传统企业埃克森—美孚石油公司（Exxon Mobil，亦称埃克森公司）。

2003年，该公司利润达215亿美元，比上年增长91%，股东回报达到115亿美元。2004年4月,《商业周刊》评出的50家表现最佳公司中，埃克森—美孚排名第23位。

当然，2003年埃克森—美孚收入的激增与油价上涨有关，与公司董事会主席兼首席执行官李·雷蒙德有关，更与这家公司秉持的“决不拖延”理念有关。

“决不拖延”是这家公司员工行为的重要准则之一。这一准则的执行，使其所有的工作都可以说“没有延误哪怕半秒钟的时间”。他们在“决不拖延”的理念指导之下组建了效率速度部。这一创意来自于一级方程式赛车，而这一世界顶级赛事几近完美地诠释了什么叫做真正的高速，什么叫做真正的“决不拖延”。创意人约翰·丹尼斯先生在提出这个方案的时候曾说过：“每场F1比赛吸引10亿多人次的观众，可以说是见证了高效率几近无敌的魅力，也论证了推行‘决不拖延’观念的现实必要性。”

拖延时间看似人的一种本性，实质上是在工作和生活中养成的一种极其有害于工作和生活的恶习。在生活和工作中，几乎每个人都希望消除因拖延而产生的各种忧虑。但是，不少人却没有将自己的愿望付诸行动，不知道自己所推迟的许多事情其实都是自己可以尽早完成的。怎样避免拖延呢？

我们不能够把自己拖延时间的这一缺点归咎于外界因素，因为拖延时间的是我们自己。一个员工曾经有过一些拖延的行为，其实并不会导致多么严重的后果，真正能够导致严重后果的，是拖延成习并且竭力加以掩盖——为拖延寻找借口。相信拖延只是人们的一个坏习惯，而不是不可改变的天性，这是创造“奇迹”的第一步。怎样才能克服拖延的坏习惯呢？

（1）拖延不是一种无所谓的耽搁。一个CEO可能因为没能及时做出关键性的决定而遭到失败，很多损失是无法挽回的，这就如同延误了看病时间，就会给人的生命带来无可挽回的影响一样。

（2）从习惯拖延的一个具体方面突破，一种得到解脱和成功的感觉将会帮助我们全面地克服它。

（3）拟定一个完成工作任务的期限，给自己加压，并让身边的人都知道我们的期限，让他们看到我们如期完成。

（4）有些人因为害怕自己干得不那么完美无缺，而搁置了工作，拖延了时间，所以不要因为追求十全十美的业绩而裹足不前。

（5）接到新的工作任务，就立即切实地行动起来。

（6）家里或办公室是不是一直被你弄得乱七八糟？好的，立即打扫一番，给自己一个崭新的环境！

（7）不管现在和将来，都不要经常以各种借口来推脱。

（8）随身携带一个小本子和一支笔，觉得有用的想法和主意统统记下来，记住不管多小的想法只要你认为有用就马上记下来。诸如“再等一会儿”、“他不在，等回来再说”、“明天开始做”这样的语言或者这种心理，会严重影响自身形象和企业形象。

总之，商机无限、商海无情，如果你能在市场运作和企业管理中当断则断，就能抓住商机，及时推行你的决策和部署，保证企业高效运行。

第十五章　职业素质在于努力提升

专家点悟

职业经理人要从组织的愿景、使命、目标和战略发展要求出发，努力提高工作岗位要求的知识、技能、能力和特质，提高胜任力；了解和掌握下属岗位的有关知识，并且以主动的态度不断吸纳新知识；要用情商的胸怀和创新的管理套路，赢得最佳的工作效率和行动速度。

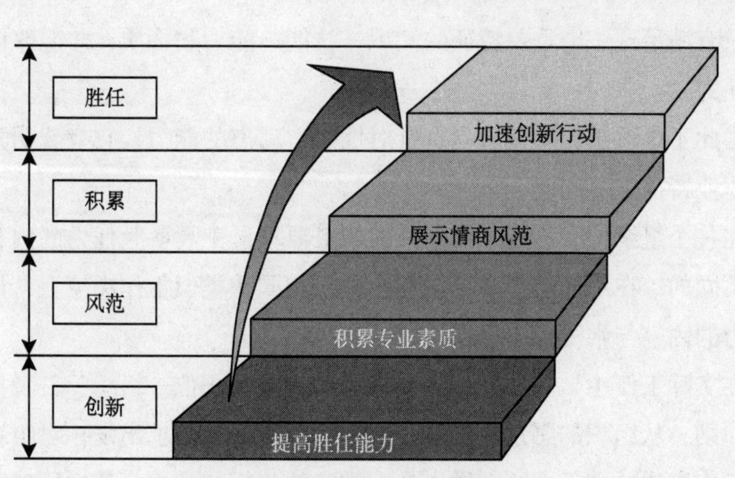

图 15-1　提升职业素质

15.1 提高胜任能力

胜任力是指在一个组织中绩效优异的员工所具备的能够胜任工作岗位要求的知识、技能、能力和特质。从这一概念不难看出，并不是员工的所有知识、技能、能力和特质都可以称为胜任力。它具有三个重要特征：

一是与员工所在工作岗位的要求紧密联系。它在很大程度上会受到工作环境、工作条件及岗位特征的影响。在某一工作岗位上非常重要的知识、技能，但在另一个工作岗位上可能会成为制约其发展的阻碍因素。

二是与员工的工作绩效有密切的关系，或者从某种角度来看，它可以预测员工未来的工作绩效。

三是能够将组织中的绩效优秀者与绩效一般者加以区分。优秀员工与一般员工在胜任力上会表现出显著性的差异，企业可以将胜任力指标作为员工的招聘、考评以及提升的主要依据之一。

只有满足这三个重要特征的知识、技能、能力和特质，才能够被定义为胜任力。

由此不难看出，胜任力是有针对性的、动态的能力，它有着明显的岗位、职业特征。

在一个组织中，不同工作岗位的职务要求员工具备胜任力的内容和水平是不同的；在不同组织和不同行业中，相同或类似工作岗位上，员工的胜任力的内容与水平也不尽相同。

在实际工作中，职业经理人要根据“人员—职位—组织”三者相互匹配的原则，从组织的愿景、使命、目标和战略发展要求出发，对组织中的不同工作岗位的胜任力要求做出全面细致的分析与描述。这样所建立起来的组织胜任力模型才能够满足组织的需要。

1. 胜任力模型

胜任力模型又叫做关键胜任指标，是指在企业里，员工凭什么能胜任本岗位的问题。比如，公司需要招聘营销总监，那么，营销总监需要具备哪些能力？而这些能力是怎么表现出来的？表现出来的能力如何评估？

作为大型企业，他必须具备以下能力：战略规划的能力，尤其要对企业的4P战略能进行一个精深的剖析；应变策划的能力；带领团队的能力；协助谈判的能力。还需了解战略规划能力表现在哪些方面？市场策划的能力表现在哪些方面？带领团队的能力表现在哪些方面？谈判的能力又表现在哪些方面？怎么去评估他的能力？假定A、B、C代表不同层次的能力。他属于A级、B级还是C级？

现在，许多企业缺乏有能力的人才，其实只是缺乏两个关键步骤：一是没有能力的表现说明；二是没有能力的考核办法。这是企业在招聘过程中出现的巨大偏差。

下面是两个企业领导的胜任力模型：

（1）L公司（国内著名IT企业）的领导胜任力模型。

管理自己：进取心，服务客户。

管理团队：沟通和影响力，授权与信任，员工辅导。

管理工作：结果导向，系统思考。

管理战略：战略规划和执行，战略传承，经营敏感。

（2）M公司（通信业著名跨国公司）胜任力模型。

企业愿景：关注未来，关注外部，关注商业发展。

道德伦理：尊重商业道德，尊重他人。

紧迫感：激励式的领导，及时决策，掌控复杂性，瞄准全球化标准。

执行力：达成商业结果，信守承诺，开拓市场，创造价值，适应变革。

工作精力：沟通清晰有力，团队工作有效，建立互相信赖的合作，发展出色的员工。

2. 建立胜任素质模型的程序和方法

一个企业运用胜任素质模型进行人力资源管理时，必须遵照以下基本程序：

（1）确定绩效标准（销售量、利润、管理风格、客户满意度）。

（2）建立标准样本（一般经理、优秀经理）。

（3）收集数据信息（BEI 行为事件访谈、问卷调查、评价中心、专家评议组）。

（4）分析数据信息（访谈结果编码、调查问卷分析）。

（5）建立胜任素质模型（确定 Competency 项目、确定等级、描述等级）。

（6）验证胜任素质模型（BEI 问卷调查、评价中心、专家评议组）。

总结企业运用胜任特征的实践经验，建立胜任素质模型主要通过五种方法：

（1）工作能力评鉴法（JCA）。通过一套严密的"胜任能力评估"实证研究流程，帮助确定何种能力可以产生区别于一般绩效的杰出绩效水平。

该方法主要运用行为事件访谈（BEI），收集相关数据，再结合考虑其他职务因素，确定出达到杰出绩效所需要的胜任特征要素，最后根据这些要素建立胜任特征模型。该方法效率较高，但开发成本高。

（2）修正工作能力评鉴法。与 JCA 法的区别在于，该方法不是采取面对面访谈的方式，而是通过将杰出绩效者和一般绩效者的重要行为用文字描述出来，供研究开发人员使用。

（3）概括性模型覆盖法。选择或取得一个既有的胜任特征模型，将此模型覆盖或套用在组织内的某个职务上。

（4）量身定制的概括性模型覆盖法。研究人员通过试验辨识所有可能的概括性能力（这些能力能够充分说明某职务杰出绩效者与一般绩效者的特征），列出能力清单，再以组织的环境背景和职务本身特点为基础，对这些能力加以诠释，创建胜任特征模型。

（5）弹性能力模型法。通过搜集组织内外广泛而全面的信息，对组织及职务做出未来假设，并据此开发出能够适应组织未来发展的胜任特征模型。

该方法可以得出每个能力的职务角色、职务成果、成果的品质标准以及行为指标。

15.2 积累专业素质

专业素质和岗位技能是称职工作的前提，是影响就职者企业角色、价值观、自我形象与品质的推动力。

随着市场经济的发展，新兴产业不断涌现，一些需要特殊技能的新型管理职位也应运而生，对相应的职业管理人才的需求也不断增加。

为了提高产品（服务）质量，企业纷纷加强质量管理，这方面人才日益走俏在大大小小的人才招聘会上。许多企业的招聘职位中出现了一些新名词，如内审员、QM（品质经理）、QA（质量工程师）、QC（质量控制人员）等。这些职位都是与企业推行ISO9000认证紧密相关的专业技术人员职位，许多都要求持证上岗。其他如“物业管理”、“物流管理”、“系统分析师”、“评估师”、“策划师”等新型管理人才的需求也已在人才市场频频出现。

某些国内企业少见的特殊技能和管理岗位在中高级人才服务中心的招聘榜上也纷纷登台亮相。

从需求层面分析，当前企业急需的是三个层面的专业管理人才：一是企业高层面的经理人才，特别是新兴产业和支柱产业以及金融、贸易、航运、物流等单位的高层经理人才；二是生产经营管理人才，主要是生产经营一线的管理人才；三是项目经理人才和技术服务经理人才。

其中营销主管、建设项目、科研开发、资本运作和财务、市场策划、品牌经营、质量检测、工业生产、物资仓储、人力资源、合作洽谈以及行政主管等管理人才目前需求量很大，这表明企业已从规模扩张转向知识和技术密集型发展。

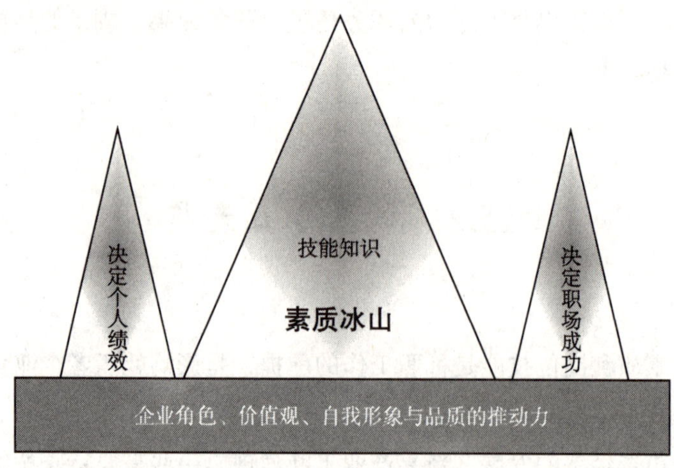

图 15–2　积累专业素质

在当今社会，要想在职场中取得成功，必须了解自己的知识结构与实际工作是否相符，以及我们现有的知识最高能达到什么水平。

每个人的知识背景不同，生活环境不同，价值观也不同，但有一点是相通的：对于职场中的每一个人，要想在工作中取得傲人的成绩，就必须不断充实知识和技能，这样才不至于被竞争的大潮所淘汰。

1. 更新知识

面对知识经济时代的挑战，我们强调知识的储备。如果你缺乏学习的意识，没有形成良好的学习习惯，所有的知识和技能都不可能为你所拥有。

成为“学习型”的员工，才是保障你成为优秀人才的最基本条件。学习可以让你拓展自己职业的区域。当你通过学习掌握企业所有岗位的知识与技能，并且以主动的态度不断吸纳新的知识与技能时，无论企业发生什么样的变化，也无论你的工作会有什么样的变化，你都可以应对自如，不会因从未学习而变得慌乱。

2. 储备技能

许多在校大学生认为，大学四年的知识学习已经足以应对企业大小问题并能取得优秀的成绩，但事实并非如此。

企业对员工的看法是：“大学里学到的知识与实际的工作技能还相差得

很远。”

美国一个青年学生吉斯去年大学毕业后，和同学在社会上“转了一圈”，发现在学校学习的各种知识与企业的发展要求相差甚远。因为老板不需要只会纸上谈兵的员工。无奈之下，他决定选择一家高级的技工学校复读。进入学校后，吉斯发现自己并不是第一个复读大学生。

21世纪什么样的员工才能出色地完成工作？有以下通用技能的员工，才是能胜任工作的人才：

（1）市场营销技能。实际工作中，不管从事什么专业都需要了解并能运用一些营销知识。因为，几乎每个企业的所有工作都是营销的组成部分。想要成为优秀员工，必须把营销技能作为你安身立命的资本。因为它能使你在企业与市场的打拼中得到磨炼。

（2）电脑应用技能。随着科学技术的进步，电脑已经渗透到社会生活的一切领域之中。电脑技能的应用是企业员工的一项基本技能。

（3）驾驶技能。在高速发展的今天，生活节奏不断加快。企业希望员工拥有汽车驾驶技术，这是企业员工的工作效率及能力的表现，也是高效工作的基础。

（4）识人技能。人具有社会性，而每个人的职业生涯总是充满激烈的竞争。想要成为一个有眼力的领导，必须能够识别并判断出接触的形形色色的人。

（5）理财技能。当今的市场运作不是简单的商品交换。作为企业经营者，还必须具备理财技能，有足够的资金周转意识和资金风险意识，学会精明运作，减少吃亏上当。

在田径比赛中，参赛队员中的任何一个队员都比常人跑得快。但比赛的结果是：在众多参赛选手中，只能有一人脱颖而出，成为比赛的冠军。而这个人之所以能成为冠军，是因为他比别人都跑得快，他具有比别人更强的竞争力。

从工作的角度来看，这种竞争力其实就是个人学习力强弱的外在表现。只有学习力强的人，才能永远跑在别人的前面，否则，你将被甩得很远。

学习力是未来唯一持久的竞争力，这一点是不容置疑的。只有学习才能让人在获得知识的同时获得技能。事实上，那些自以为已经掌握工作的技能，就不愿意往自己身上注入“新血液”的人，随着时间的推移，原有的技能必将会被更新型的技能所淘汰。目前，国家提出 “再就业”，其实是指转岗培训。

3. 知识与技能相结合

对于企业员工而言，只有在掌握好知识与技能的双重保障之下才能做好工作，所有的职业经理人都会有这样的体验。

理论必须付诸实践才能行之有效，知识也只有与技能相结合才能产生效益。而学习正是让人在获得知识与技能的同时，将它们有机地结合起来，以便发挥它们更大效益的最佳途径。

我们处在一个高度信息化的市场中，也许每秒钟每分钟便会有一种新的事物产生。每一个新事物的产生便连带着一种新的经验和运作方式。面对这些新的事物和新的经验，如果一个员工和企业拒绝学习，那么，他便不可能适应崭新的社会与工作。可以说，拒绝学习就是选择失败。

这里所说的学习不仅仅是指对新知识的学习，而且包括了对各种新的经验及观念的接受。对这些新事物的接受是避免失败的前提。没有新的经验，面对新的工作项目需多走弯路，才能获得小小的成功，而在获得这些小小的成功之前，你便已经因为缺少经验又不愿学习而在工作中招致了失败。没有新的观念，你面对新的形势就没有思想上的准备，就不可能有创造性的行动。

古语云：“学然后而知，知然后而智，智然后而得，得然后而成，成然后而名，名然后而乐。”可见学习的最终还是快乐。

学习的目的是为了快乐地工作，对于企业员工而言，这既是一种现实的要求，也是一种境界。

有两个小和尚分别住在南山和北山，他们每天清早到山下的河里挑水，久而久之便成了朋友。不知不觉五年过去了，有一天，南山的和尚没有下山挑水，北山的和尚没太在意。连续几天，南山的和尚还是没有下山挑水。一天中午，北山和尚坐在一棵大树下歇息，远远看见一个和尚正在菜园子里浇菜，走近一看，居然是他的朋友。他就好奇地问道：“你已经一个月没下山挑水了，难道你们庙里的和尚都不喝水了吗?”朋友把他带到后院，指着一口井说：“这五年来，我每天做完功课就用点时间挖这口井，现在终于挖出水来了。”北山的和尚听后，有点惭愧，但转念一想：“用五年的时间来挖一口井不是太麻烦了吗?”于是，北山的和尚继续到山下挑水。又过了五十年，北山的和尚已经老了，做了扫地僧，他常常想起南山的朋友。

这天，北山和尚决定去南山找他的朋友，他来到菜园里没找到他的朋友，他想是不是已经过世了，就向浇菜园子的和尚打听他的朋友。和尚回答说：“你找我们方丈吗？到禅房里去吧。”来到禅房里，北山的和尚吃了一惊，眼前的方丈正是那个和他一起在河边打水漂、挖草根的朋友。

方丈热情地接待了他，他们一起谈论起这五十年的生活。方丈细细清点了自己五十年来做过的每一件事情：挑水之余挖井，种菜之余擦洗桌椅，扫地之余读书念经。他说：“其实我们天资一样，但行动起来，勤奋苦干却可以创造一切。”

多有分量的一句话！实际生活和工作中，大多数人的天资都相差无几，有些人之所以取得成功并不在于他有多聪明，而在于他们具有一种一般人不具有的精神，这种精神就是为了自己的理想持之以恒。

15.3 展示情商风范

在当今知识经济的时代里，单纯的思想教育和简单粗暴的命令式控制型管理体制已显然落后于时代的发展。现代企业越来越重视人性化管理的实现，人本管理也越来越成为企业的共识。

现代企业制度以产权清晰、责权明确、管理科学为主要特征。在理想的状况下，所有的职业经理人都是领导者。作为企业领导者，首先应该是一个观念的先行者；其次才是一个权力的拥有者。

一个高素质的领导者是一个拥有较高威信和较大智慧的人，他懂得如何授权于下属，如何合理地分配工作，让下属明白领导的意图并很好地去执行。同时，他也一定是一个善解人意，懂得尊重和爱护人的人，他知道在恰当的时间和合适的场合巧妙地表达自己对下属的满意之情，以此激励下属努力工作。

一个企业应该由一个组织得当、各得其所的领导班子来管理。这比等级制的、命令控制型的结构效率更高。领导者能提出振奋人心的目标，并拥有统一目标的追随者。领导者和被领导者之间的相互信任形成双向交流，使他们能够实现共同的目标。那么，企业领导者应该具备哪些品质，注意哪些问题呢?

1. 用正直赢得信赖

值得信赖就是行动上的正直。正直是通过全身心的力量把诚实融入到思想和行动中。一个正直的领导，必定也是一个说真话的领导。

杜邦公司前董事长理查德曾说过：“如果你总是说真话，那么，你就无需记住你曾经说过什么话。”最值得信赖的企业领导者是那些敢说真话的人。他们在处理细小事务时都能做到具体、准确，及时改偏纠错。

2. 用公正体现平等

我们常听到下属私下里抱怨领导的不公正。比如，上司要办理某件事务，就随意使用手中的权力，命令下属在规定的期限内完成无法完成的工作。在国外，不公正的领导意味着品格的缺陷。反之，如果上司一贯态度严厉，办事公正，那么，他一定是受人尊敬的。

公正和可信度两者相辅相成。如果公正和可信度成为公司文化的一个组成部分，那么，最大的受益者是公司。

3. 用谦虚规范举止

言谈举止是一个人的第二身份证，一个成功的领导者所创造的环境应该是谦逊、宽容的。如果公司的所有领导者都持有谦逊态度并创造随便和不拘礼节的气氛，那么，企业员工的举止就会自然而然地融入领导者的文化。

4. 用倾听掌握情况

萧伯纳曾说过：“我有一个苹果，你有一个苹果，交换一下每人还是一个苹果；我有一种思想，你有一种思想，交换一下每人至少有两种以上的思想。”倾听是一种学习，更是一种艺术。在与人交往时，要学会倾听。

在实际工作中，领导与下属交谈可以直接及时地交流信息。领导在谈话中是否善于倾听，是谈话能否成功的决定因素。

倾听本身是一种鼓励方式。工作中，许多企业员工不是抱怨工作辛苦，而是埋怨自己的建议和意见得不到上司的尊重。可见，员工心情是否愉快在很大程度上取决于领导能否在工作中倾听他们的谈话。

5. 用坦荡净化胸怀

一个好的领导，必须有宽广的胸怀。只有这样，公司的员工愿意向公司领导者提供正面和反面的信息。反之，如果企业领导者高高在上，只是不断地发出指令，却听不进任何的反面意见，那么，当员工遇到问题时，往往也只会保持沉默。

心胸宽阔的领导者能够更好地做出判断，能够更多地了解自己想要了解的事情，能和下属员工建立更好的关系。

6. 用观察了解一切

如果一位领导者对员工或者其他人的内心想法无所察觉，那么，他就无法触动或说服他们。这就要求领导者在日常工作中随时观察周围的一切。

组织行为学要求领导者必须具有能够推测人们内心想法的能力。领导者应该放弃想当然的态度，通过仔细的透视、直觉、感觉等方法来推测出员工的内心想法，敏锐地观察有关人员的情感和态度。在观察了解的基础上，领导者对人要谦和、谨慎，对员工批评讲究场合和尺度。

15.4 加速创新行动

从某种意义上讲，最新的创意和管理套路，就是工作效率和行动速度。在成功的诸多因素中，创新占主导地位。

在未来企业的经营世界里，只有下面的几种人会受到重视：能将全部产品引入市场的人；能创出一种新的生产方式的人；第一个采用新的经营方式的人；开创一个从未有过的市场的人；创造出有别于其他人的企业组织形态的人。

李嘉诚曾被记者问到：“为何几十年的成功积累还不如比尔·盖茨的几年暴富?”他一方面在感慨“后生可畏”的同时，一方面承认比尔·盖茨掌握了这个年代最为稀缺的资源——创新精神。

创新可以让一个“新品”在一夜之间战胜一个畅销几十年的“名品”。一个商品要做到创新，不仅要注重外部包装和内部品质，还应注重其营销方式。同样，一个人要做到创新，不仅要给人标新立异的感觉、乐于接受挑战的作风，还应有较强的学习能力和让自己的知识不断更新增值的决心。

1. 创新就是奋起直追

具有创新能力是一个职业经理人的突出表现。仅有学历和书本的知识并不能完全证明其素质和能力，当知识的底蕴与现实过程中需要解决的矛盾发生碰撞时，需要的就是创新。

创新不是什么“极端”手段，也没必要非等到情况不可收拾时或落伍的危机来到身边时再行动。创新就是寻找新的方法，改进现有工作方式的不足和缺陷，所以应该是随时随地进行的，与时俱进、不容迟疑、不容等待。

改变和创新可以帮助所有的人成就辉煌、晋升卓越。只要保持对创新的热衷，很快就能成为最受企业欣赏的人，好的机会也就会随之而来。事实上，那些具有创新精神的企业比如英特尔、3M、西门子、惠普、通用电气、索尼等公司通过不断创新，获得了高于一般投资的额外利润。

著名企业英特尔公司非常注重鼓励员工不断挑战。当然，盲目迎接挑战只会带来失败，不可能带来创新，这不是英特尔所希望的。英特尔所推崇的创新是在接受挑战之前能够掌握情报，并进行充分评估，尽可能地了解到种种变通之道与替代方案，以增加对失败的控制力。除了迎接挑战，对错误的包容也同样重要。在英特尔公司，面对“不可预期的风险”而失败是能够被接受的。

在英特尔公司，每一位员工都有机会贯彻自己的想法。英特尔是一个很平等的公司，在这里不会有很多层的经理，每一个员工都可以在自己的级别上做出决定，不用什么事情都去请示。诸如“你很有才能，却在公司难以施展”这样的情况在英特尔是不会发生的。

当员工在处理某项事务遇到困难时，可以找经理谈话，通常经理会鼓励员工尝试，而不是泼冷水。正是在这样的文化氛围中，英特尔公司的员工才不会害怕失败，而是积极主动地进行创新。

2. 创新就是与众不同

微软中国研究院的访问研究员、加拿大 UWO（西安大略大学）教授凌晓峰博士认为，世界知名的大公司都很重视员工的创造力，因为要使自己的技术、产品、服务领先，就要做到与众不同。

对于研发人员来说，创新能力尤为重要。思路奇特，善于创新，从不满足现有成绩，产生新的创意并将其成功实现的能力，是优秀员工必须具有的。

凌晓峰博士说："创新能力越来越被企业看重，你能想出一个别人想不到的主意，也许就能成就一番事业。像美国硅谷的很多公司就是从一个好点子、一个优秀的团队起家的。在那里，没人问你的学历，只要你有创新能力和好的团队，风险投资就会落到你头上。一个现在有能力的人，不管他是博士、硕士，还是高级工程师，如果总是照抄照搬、一味仿造，不但企业会落后，自己也会因此而缺乏创意。"

创新能力的提升要求人们头脑清醒，不断学习吸取新东西。我们要积极主动地从工作过程中学习，向同事学习，从商业实践经验中学习，并通过和他人分享知识来学习，保证自己的进步和未来的成长。

我们每个人都有不同于其他人的特点，有自己独立的个性，或充满热情，或平静沉稳，或勤于思考，或感情冲动，或精明能干。但我们应该都具有一点，那就是随时行动起来，接受新的东西。

通用公司前总裁韦尔奇经常鼓励他的经理们去仔细搜索好点子并据为己有。韦尔奇说："借鉴的就是最好的。"有些人可能会奇怪，为什么作为美国最强大企业之一的通用电气公司，仍然需要寻找好的点子？针对这个问题，韦尔奇说："每个组织都要学习，通用电气也不例外。"

戴尔公司非常重视提问。因为提问是了解员工想法、吸引员工创意的有效途径。戴尔经常会在全公司各部门询问同样的问题，比较其结果的异同。如果某一个部门在市场上出奇制胜地创下了佳绩，戴尔便会把他们的想法传播到全球各部门。

戴尔说："当一家公司所有人都以同样的方式思考时，是非常危险的现象。"戴尔正是以其独特的提问方式来鼓励员工以创新的方式来思考问题，以不同的观点来处理问题，从而不断把创新注入公司的文化。

3. 创新就是超越自我

创新的过程往往是一个艰辛的历程，它不仅需要清楚的目标、执著的精神，更要有承受被人冷落和失败挫折的心理能力。

法国乃至世界最伟大的服装设计师，自称为“热爱世界的冒险家”皮尔·卡丹先生说：“我已被人骂惯了，我的每一次创新都被人们抨击得体无完肤，但骂我的人接着又做我所做的东西。”的确，并不是每个人都承受得了这种“被骂”的压力，没有一种对成功的无比渴望、对工作的无比热爱和对自己的无比自信，是无法办到的。

只有小学文化的四川农民周兴和，1990年在一个展览会上购买了一项专利技术，并新建了一个小建材厂。由于所购专利技术含量不高，产品很难打开市场，企业也因此长时间处于亏损状态。面对这种局面，周兴和决定以技术创新为突破口，他选择当地的秸秆作为研究对象，以此为原料研制成高档的建筑材料。

1997年，经研究试验后，周兴和的技术获得成功。由于他的技术解决了多年来农民焚烧秸秆所带来的各种问题，因而得到当地政府的大力支持和推广。1998年，他的技术获得国际爱因斯坦发明金奖。1999年，他的“秸秆隔墙板”在成都销售收入达3000万元。

周兴和的创新不但救活了他的建材厂，还促使他的产品走向了世界。

作为公司的一名职业经理人，只有不断地从学习中吸收新思想，不断地提升自己的思考能力，才能够在工作中获得不断改进的方法，才能通过他特有的魄力、能力、工作态度和负责精神为他带来巨大的收益。

▲品牌战略

可口可乐公司人才招聘九道槛

人才是企业最重要的经营资源，是一切财富中最为宝贵的。正确地制订和选择人才战略，努力开发挖掘人才，充分发挥各类人才的积极作用，是企业走向兴旺发达的关键。可口可乐公司在中国的迅速发展很重要的一个原因就是公司非常重视发掘和培养人才。

可口可乐公司的一位领导曾经说过，"可口可乐公司在人才引进方面，最注重的是每一个人对可口可乐品牌的一片赤诚热爱之情，能够全身心地投入工作，努力地为公司做出贡献"。据可口可乐大中华地区人力资源总监郭明先生介绍，"其实这还是最基本的原则。除此之外，公司招聘人员时，会要求进行笔试、面试、答辩、演讲等多轮考试，以保证所选人才英语听说写精通、计算机操作熟练、管理或技能水平娴熟、语言表达通畅且富感染力、公关能力强等。"

郭明称，"员工始终是我们企业的心脏与灵魂。可口可乐为了始终保持在行业内领先，不断对企业能力和员工能力进行培养。因此，公司在录用新员工时非常看重求职者的潜质。总体上讲，公司选择人才的标准分九方面：正直诚实、有强烈的成就动机、有良好的决策判断力、具有战略性思考能力、有创新的工作态度、能提升消费者和顾客价值、有适应变化的能力、富有责任心和团队精神。为了更好地考察应聘者的能力，面试中，每个求职者会经历多次面试，由不同主管从不同的角度来考察求职者。应聘者首先要了解可口可乐，对我们的行业和产品有热情。在人事部门的初次考察中，主要考察应聘者的背景，对文化的理解以及他在应试中的言谈举止是否符合本公司的文化。这一点是非常重要的。另外，还要看应聘者的潜力及交流能力。"

人事部门经过初次筛选后，把筛选结果交给业务部门的主管，由他们来确定第二轮的人选。业务主管进行的这一轮面试主要考察应聘者的业务能力是否符合工作。接下来，业务部门会与人事部门一起商量，敲定最后的人选。这时的选择标准，常规的主要是考虑他的能力，看他是否具有胜任这个岗位的能力，是否能达到预先制定的岗位职责。另外，主要考虑的是他的期望值到底是什么，他过去的背景及对未来的期望是否适应公司的文化与发展，是否与岗位相适合。

员工能不能发挥其能力，有没有忠诚度，关键在于培训。据了解，可口可乐系统的培训是经常性、全员性、广泛性的，其目的是让人人都感觉到这是个大家庭，除了工作奉献外，还能促进个人成长。其作用也是持久而有效的，能让人终生受益。

据介绍，可口可乐公司的培训主要包括基础培训、业务技能培训、管理技能培训等几个方面。

基础培训方面，包括入职培训、公司规章制度培训、公司企业文化培训、个人激励培训等。通过这些培训，让员工了解到可口可乐发展的历史、可口可乐（中国）有限公司发展的状况、企业精神、可口可乐管理系统、可口可乐质量系统、可口可乐生产系统和检验系统、可口可乐人文文化、可口可乐营销文化、可口可乐规章制度等。

这些最基本培训的目的，就是通过这些培训，辅以个人激励培训，让员工以可口可乐为荣，新员工尽快地投入到工作中，老员工调整心态，重新燃起工作激情。同时，可使员工能够拥有远大的目标和抱负、乐观进取的心态、持久的耐性、强大的自信心、优良的品质、强烈的责任心和坚持学习的态度。

业务技能培训方面，就是根据公司发展所确定的各种岗位工作的需要，对在岗人员进行业务技能培训。

培训的方针是“干什么，学什么；缺什么，补什么”。培训的目标是着重提高在岗职工实际工作能力或劳动技能，使之岗位成才，满足岗位要求，适应企业发展需要。

据了解，这一项培训做得非常细致全面，包括金字塔培训、业务拜访培训、谈判技巧培训、开发技能培训、客户心态及市场学培训等。

通过这些培训，业务人员能在最短的时间内学会基本销售技巧，促进公司利润目标的实现；销售业务代表能更清晰知道如何去把握机会，从而提高工作成效。同时，业务技能培训也由老的业务骨干（主任或经理）定期或不定期进行培训；对于老业务骨干则分批到上层管理部门参加培训，不断从实践中总结经验，并在理论的指导下提高业务技能。

正是因为这些培训，公司的市场营销工作才开展得非常出色，在饮料行业遥遥领先。

在管理技能培训方面，主要是对专业人员进行持续不断的继续教育。根据需要有不同的培训类型：一是知识扩大型培训，用以改变人才智能结构和培养复合型人才；二是知识更新型培训，用以适时更新知识体系，使可口可乐系统永远是时代的领跑者。

据介绍，可口可乐（中国）有限公司在天津有一所培训中心，负责针对可口可乐生产过程、技术训练、个别专业的讲题、讲座。另外，公司还跟复旦大学合办了一个可口可乐管理学院，专门培训高层管理人员，很多外国信息、管理理念及可口可乐个案均在这里集中进行研究。

有人说“从底层提升到上层后能否胜任其职，关键在于培训”。没错，没有相应的培训来获取该职位应有的知识技能，是不能取得良好的管理成效的。通过进行团队建设、人事行政管理、市场营销知识、人员管理、销售管理、渠道管理、客户管理、品牌建设等内容的培训，管理人员才能站在一定的管理高度，让下属心悦诚服。可口可乐（中国）有限公司的中层管理干部无一不是边领导边执行、边工作边培训，一步步踏上了可口可乐（中国）有限公司管理的中坚阶层。

第十六章　职业团队在于高效执行

专家点悟

企业在战略与计划执行的效果上出现差异，决策失误，计划不周，被动服从，其根本原因是缺少适合本企业的高级管理人才。一个高效执行的团队应该具有三个特点：和谐性、创造性和一致性。

团队执行必须以机制为平台，以人才为核心，努力提升企业信用文化和服务文化，这样才能做到体制贴合、制度吻合、员工亲和、老板畅和。

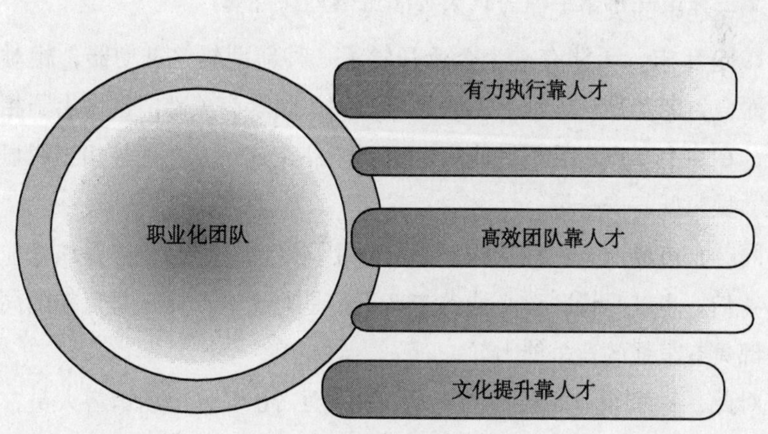

图 16-1　职业化团队

16.1 有力执行靠人才

任何企业都是一个紧紧围绕市场变化有效操作和顺畅执行的系统。但是，有许多战略相近、资源相似、市场相同的企业，在年度财务决算时，为什么会造成“同行不同利”的结局呢？其主要原因就是，在战略与计划执行的效果上出现差异。这种差异不能简单地评价，其中主要表现在三个方面：①决策失误，运行吃力；②计划不周，运行乏力；③被动服从，运行无力。根本原因就是缺少适合本企业的高级职业经理人。

1. 决策失误

决策是一种关于取舍的方向性选择。企业几乎每天都面临着选择，比如，选择什么样的市场和人才等。所以，企业经营活动由连续的、各种各样的决策组成，对的决策是效益，错的决策是浪费。

成功的企业就是一连串正确的或是幸运的决策产生的，失败的企业就是由于一连串的决策失误或是不幸的决策导致的。

1999 年末，天津有一个企业开发了一种新型建筑震动器，相对于新产品而言，老产品在工地上一般噪声较大，国家有关部门也做出了相关的规定，在晚上 9 点之后不许使用。而新产品在这一方面优势相当明显：寿命长、噪声低、安全等。

同时，市场上有一种从国外进口的相同产品，但是价格是该企业产品的 3~4 倍。也就是说，该企业的产品不论是对比老产品还是目前的同类产品，都具有很强的竞争能力。

对此，这家企业高层信心充足，招聘了 30 多名市场销售人员，并聘请专业培训公司对销售员进行训练，使业务队伍素质不断得到提高。各个销售人员摩拳擦掌，斗志昂扬，他们锁定以京、津市场作为突破口，主攻各个建筑公司和各个工地。1 年后，该公司花费了大量的人力、物力和财力，市场开拓却不甚理想，甚至是比较糟糕。

针对这种情况，该公司聘请营销专家进行诊断分析，原因是这家公司制订的市场开发战略选择的决策存在严重失误：一是忽略了建筑市场的特殊性。新招聘的人员由于年龄、阅历等原因难以适应（人才选择决策的失误）。二是市场区域锁定太窄，业务发挥空间太小（市场选择决策的失误）。三是针对建筑市场特点不应该走直销路线（销售模式选择的失误）。

针对以上失误，可以将战略调整为：在全国范围内招商，开发合作商与代理商；放弃原来直销模式，在京、津地区与建筑产品经销商合作经营、合作开发。经过这样的调整后，市场慢慢有了起色。

这是一个比较典型的决策失误、导致执行没有产生执行力的案例。在执行与操作中决策、计划和人才是最重要的因素。这三者之间，企业最需要把握的就是人才的执行力问题。而在人才执行力当中，职业经理人的执行力则是最首要的因素。看得见的浪费是由于行动造成的，看不见的浪费是由系统造成的。而且看不见的浪费一般远远大于看得见的，低效的执行就是由于系统不良造成的。

在企业的日常经营管理中，我们面对的是剧烈变化的市场，可控的因素比较少，如果我们通过预测等手段可以控制的越多，成功的机会就越大。但是，事情往往不尽如人意。一些我们看不到的，还有一些是我们看到的但已经习以为常的现象正吞噬着我们的经营成果。

2. 运行乏力

下面是三个关于低效执行的典型实例：

第一个实例：角色错位。很多企业存在这样的现象：一是主次颠倒。领导在做主管应该做的事情，而主管在评价领导。二是各级主管在做下属的事情，而下属却无所事事。

第二个实例：企业直接导致了很多理性的浪费。某企业在一年当中被索赔了 90 多万元。90 多万元对于一个中小企业而言虽然是一个小数目，但相对于企业的一年经营总额而言，却是一个大数目。为什么？由于在这一年，原材料涨价，再加上出口面临很大的波动，所以，企业的利润空间非常小。

我建议开除品管部经理，这个企业老板不同意，他认为不能开除品管部经理的三个原因是：第一，他早上来得最早，晚上走得最晚；第二，他身先士卒；第三，他事事管得很细，一个工序都不放过。

我问："请问他的身份是什么？品管部经理还是品管员？""当然是品管部经理。"他不假思索地回答。

"品管部的经理要做两件事情：第一要建立和维护品质管理模式；第二要推动和执行品质管理模式。实际上他应该做调度和指挥的工作，你让他反过头来去负责了一道工序，他就是品管员。""你给他工资多少钱？""5000 元。""你品管员工资多少？""1200 元。""他做了一个品管员的工作，却拿了品管部经理的工资。也就是说他每月多拿了 3800 元。""但作为品管部经理，在其位而未谋其政，所以，损失的 90 多万元应该是由他所造成的。"

第三个实例：企业上下各级存在"盲乱"的现象。这里的"盲乱"并不是真正意义上的"忙碌"，而是一种瞎忙。由于事前没有安排和计划，造成每个人看似非常忙碌，但没有达到实质性的效果。这种盲乱在企业当中还表现在身兼数职。这种现象是怎样形成的呢？

第一，人治。比如，由于企业主管非常信任 A，并且让 A 身兼数职，财务由他管，业务由他管，技术也由他管。在企业里，可以没有相应的部门，但是应该有相应的职能，可以没有对应的岗位设置，但是应该有直接的负责人员。所以，企业人员身兼数职是正常的现象。但是如果对处理某件事情停留在表面，就会影响执行的效果。在这种情形之下非但不是节约，反而是运营中看不见的黑洞。

第二，管理的随意化。企业和政府不一样，企业的管理具有随意性。这种现象实际上是企业运行的黑洞。

生活中，只要你仔细观察周围的事情，就会发现很多朋友从身无分文到腰缠万贯，从一个打工仔成了赫赫有名的企业家。我们还会看到另一种现象，以前叱咤风云、不可一世的企业大亨，一夜间一无所有。这种现象由什么造成的呢？就是因为决策不当造成的。

我们发现有些人很幸运。为什么幸运？是因为他有幸运的决策。所以说，一个成功的企业，往往是由一个或者几个幸运的决策形成和支撑的。从某种角度上说，决策就是机遇。

从战略角度讲，古文化对它做了一个精准的定位，即两利相权取其重，两害相权取其轻。

战略最主要的是要做出选择。人生亦如此，选择就意味着取舍和放弃。人生的机遇就来源于你选择的取舍。

这是一个真实的故事，有两个要饭的人A和B在苏州相遇，两个人研究到哪里要饭。其中，A决定去上海。他说上海遍地都是机会。B却决定去北京，因为北京是首都。两人同时买了车票，A去了上海，B去了北京。A到上海后，发现上海真是一个天堂。他决定在上海做点什么，然后开始帮别人擦招牌，每擦一块招牌收取50元。几年后，这个人开了一家清洗公司。

三年后的一天，A到北京出差。在北京车站，他突然发现B还在要饭。他问：“你这几年是怎么过来的？”B说：“我在北京生活得很好，因为北京人正如我想象的那样，他们非常的大方。所以，我每天吃得很饱。”A听完后，庆幸当年自己做出的正确选择。

由此可见决策的重要性。

16.2 高效团队靠人才

在管理变革盛行的今天，企业中个人单打独斗的时代已经结束。团队作为一种先进的组织形态，越来越受到企业管理者的重视。

团队不同于团体，团体可能只是一群乌合之众，并不具备高度的战斗能力。而作为团队，需要具备以下三方面的要素：一是目标要集中；二是关系和谐互动；三是工作方法应保持一致与适当的弹性。

团队建设的技能主要有：建立共同的愿景与目标的能力、调和与应用成员差异的能力、制订共同规范、整合新进人员、从经验中学习、引导团队找寻正面方向、促进健康的冲突等。

团队建设的具体工具有：深度会谈、探询与辩护、团队动力、TA 活动、问卷调查以及内部行销等。

高效团队应该具有如下特点：

（1）必须具有和谐性。和谐的关系最终需要依靠上下级人员的融洽来实现。否则，在企业里，人际关系过于复杂，领导下达的任务就难以执行。

和谐主要包括人与人必须和谐；领导和部属必须和谐。

我在做企业管理多年后突然发现一个现象，就是人和人之间必须是平衡的。要做好企业管理，必须消除以下人员之间的摩擦：

①企业老员工与新人之间。一个公司的发展离不开老员工不可磨灭的贡献，更离不开新员工的奋不顾身。作为企业主管，应如何调整这两者之间的关系呢？

针对这个问题，我的经验是给老员工一定的职位和待遇，对待新人要给他一定的平台和工作机会，赋予他更多的职责。所以，在企业的发展过程中，一定要考虑到：让年轻才俊掌实权，创业元老给高位。

②企业能人与庸人之间。在企业经营过程中，一定要学会整合创新型人才和执行型人才。让整合创新型人才从事产品开发、市场开发和资源整合工作，让执行型人才从事生产和程序性职能管理工作。

③企业领导与部属之间。企业领导与部属之间应该始终保持一种良性循环的状态。既能保障领导地位，发挥他的权威，又能保障人才梯队源源不断地成长。

只有完成这三大整合，才能真正实现人才队伍的互补、促进和制衡。

世界旅店大王亿万富翁希尔顿由于对下属的信任、尊重和宽容，使得公司上下充满了和谐的气氛，创造了一种轻松愉快的工作环境，使其获得经营管理中的两大法宝——团队精神和微笑。

希尔顿在第一次世界大战期间赴欧作战的经历，使他深刻地认识到团队精神对一个组织的重要性。当有人后来问他，为什么要在旅馆经营中引进团队精神时，他回答道：“我是在当兵的时候学到的，团队精神就是荣誉感和使命感。单靠薪水是不能提高店员热情的。”

不论是在创业阶段与合伙人之间，还是在企业经营与职工之间，希尔顿总是坦诚相待，发扬团队精神，把所有的人拧成一股绳。

（2）高效团队必须有创造性。创造性就是要实现一个团队的价值，要创造社会认可的物质财富。同时，作为高级管理人才必须为企业创造成果和业绩。

无论对于个人还是团队，有一个共同的公式，就是意愿乘以能力加上策略。所以，要让团队产生强大的执行力，必须做到以下三点：

首先，必须给这个团队做某项工作的理由。

其次，判断这个团队是否有执行方面的能力。

最后，看策略。虽然这支团队有意愿、有想法，而且还能干。但如果方法不对，就得不到上级的支持与帮助。要解决这个问题最终靠人才，尤其是国际化人才。

2004年6月2日上午，广州白天鹅宾馆，TCL集团近十位高层齐刷刷坐在一起，宣布年内将在全球招聘2200名具有国际化背景的中高级经营管理人才和研发人才，打造一支“国际化部队”。其中，新成立的TTE（TCL—汤姆逊电子）和TAMP（TCL—阿尔卡特）两家合资企业将录用此次招聘人才的六成以上。

从2004年4月开始，TCL移动就陆续在北京、上海、西安、成都、重庆、深圳，美国的纽约、新泽西及旧金山硅谷等地举行现场招聘会，数千余中高级岗位虚席以待。

自2003年7月发布“龙虎计划”以来，TCL国际化进程明显“提速”。随着集团整体上市，TTE、TAMP正式投入运营及其他新业务的开展，国际化人才的巨大缺口已经成为TCL发展的“瓶颈”。如何消化、驾驭新的合资机构，也成为决定TCL国际化进程快慢的关键。

中国市场并不缺乏本土化人才，而中国企业一旦走向国际，若缺乏熟悉所在地文化的国际人才，势必对国际化发展形成掣肘。这一点，TCL的管理层看得非常清楚。

在2004年6月份的招聘中，TCL旗帜鲜明地以“国际化背景”为首要条件，不仅在国内招兵，还在美国设场，突出地表现了TCL国际人才战略的“本地化”新特色。

TCL的做法是“不能以企业文化为突破口，更不能以TCL集团企业文化去给人家洗脑，而是要因地制宜，注重分析和结合各国的文化背景、风俗习惯等因素，制定相应的对策”，这一点，值得其他欲走国际化道路的企业借鉴。

（3）高效团队必须有一致性。一致性是指企业的目标与行为保持一致。建立一个真正的高层管理团队，是实现企业一致性的唯一方式。它意味着企业的每个部分必须齐心协力地互相支持。

实际上，一个团队的战略运作，即战略的实施方式及企业的运作方式，并不完全取决于行政总裁个人的性格、行为及其背景。它主要依赖于整个经理人群体的性格、行为和经验以及他们怎样充分利用这些优势。

企业高层要进行真正的团队协作，其核心因素是其行为的协调与统一，即高层管理团队致力于建立一种共同的集体互动。它包括三个主要因素：所交流信息的质量与数量、合作行为以及共同决策。换句话说，一个行为协调的高层管理团队能够做到信息、资源及决策的共享。那么，行为的协调与统一到底是以怎样的尺度来衡量？让我们来看看两个截然不同的高层管理团队。

Harsa Industries A.G.（编者译：哈萨工业公司），其高层管理团队的行动缺乏协调统一，公司为此大受损失。而另一家公司 Media Tech（编者译：媒体技术公司），它的高层管理团队表现出相当水平的协调一致性。在面临环境变化时，该公司成功实现了企业组织的重大转变。

哈萨工业公司是欧洲一家拥有 60 亿欧元资产的医疗产品公司，它的三类主打产品系列分别是牙科、外科及用于诊断类产品。自 20 世纪 90 年代初期至中期，这三类系列产品在国际市场中竞争力逐渐减弱。企业负责人在努力寻找失败根源时，发现公司在制造成本和质量上存在根本性问题。尽管提出整个公司层面上的解决方案并非难事，但每个产品组的负责人却说：“我负责这个系列，我知道有问题，我会去解决的。”结果只是一连串意义不大的小改变，整个公司的业绩继续下滑。

在一次团队行为协调性的调查中，哈萨公司的综合评分仅为 2.4 分(评分标准为 1~5 分)。相对于接受测试的其他公司而言，这是一个非常低的分数。调查显示，其实哈萨工业公司的行政总裁与部分员工保持着相当紧密的联系，但上述三种产品组的总裁却彼此素未谋面，更谈不上有什么交流，他们既不合作，也不互动。

其结果是：这家公司最终被接管。究其原因，虽然这家公司拥有一群管理精英，但没有形成一支高层管理团队。所有经理人都各有所长，却毫无集体行动的能力，公司为此损失巨大。

相比之下，媒体技术公司则是一个较有前途的公司。它与哈萨工业公司有很多有趣的相似之处。公司规模相当，同样具有三大产品线，不过，媒体技术公司的产品是教育、商业及工业三类出版物。

媒体技术公司的新任行政总裁走马上任之时，就立即洞察到公司在集体行动、共享资源和共同攻关方面的巨大机遇。三类产品在技术与竞争方面都面临着巨大变革，但通过高层管理团队的努力，三大产品组协调完成了整个公司的彻底变革。

正是由于媒体技术公司高度一体化的管理队伍，才使公司的成功变革成为可能。该公司的经理人接受行为协调性的调查时，他们的得分为 3.8

分，远超出了中间值2.5分。调查显示，该公司的经理人，彼此花费了不少精力和时间在一起共同研讨企业存在的问题，并携手解决问题和共享信息。

实际工作中，大部分高层管理人员只是审批别人的工作，却很少亲自发掘事实、分析问题并解决问题。企业的团队成员每年至少举行几次深入探讨的会议。

上面实例中，哈萨工业公司高层管理团队每年仅召开3次深入基础的会议，听听代表的发言。而媒体技术公司则是每月召开一次。

作为部门经理，应该给予团队成员一些跨职能职责，不论是特别布置还是固定安排，都要求他们为整个企业的发展做出努力。另外一个好办法就是让经理人选择性地轮职，或者让具有多个内部单位工作经验的员工加入管理团队。

16.3 文化提升靠人才

企业文化是企业的核心，是企业的灵魂。文化是思想、是信念、是模式，也是行动，现代企业在整合物质资源的同时，还要及时地整合文化资源。企业文化建设的基本途径是体制要贴合，制度要吻合，员工要亲和，老板要畅和。

1. 更新观念靠人才

塑造与时俱进的企业文化的过程，实质上也是企业不断创新的过程。这个创新的过程就是：由观念（思维模式）的创新到制度和技术创新，由制度和技术创新到企业员工的行为创新的过程，是理念和实践互动的过程。

海尔公司企业文化就是与时俱进的企业文化：海尔在起步阶段，体现真诚为用户的理念是“不合格产品不能出厂”的严格管理。

海尔在发展阶段，从提供优质产品到提供“一条龙”的优质服务；从一般的售后服务发展到为顾客售前的设计服务；从 OEC 式的严格管理到倡导员工人人参与“SUB”式的自主管理；从争行业老大到创世界名牌；从事业部制组织到业务流程再造。今天，海尔更是满怀壮志奋进世界 500 强，为在世界打响“中国造”不懈努力。

可以说，海尔每前进一步都是观念更新在先，以新的理念指导全体员工，正是这些与时俱进变革的理念引领着海尔不断地“再赢一次”。

青岛海信集团为什么能创造出别具一格的广场企业文化，就在于企业融入了感恩、善念、包容和快乐的亲和文化理念。

2. 挖掘文化潜能靠人才

员工行为是否反映着公司形象？答案是肯定的。员工的一举一动都代表着公司的外在形象。因为，一个企业的生存发展是以人为本，人是创造企业或企业创造的原动力。所以，员工的表现是公司的窗口，是企业的形象代言人。

(1) 文化树形象。提高产品质量和服务必须靠一批生产技术过硬的技术工人和质量控制水平高的管理人才，并围绕不同市场提供有差异的售前、售中和售后服务。

具体地说，就是企业在经营过程中怎样重视人的作用，依靠人的因素来提高产品的服务和质量，树立品牌形象。

(2) 文化变行动。诺基亚公司的企业文化包括四个要点：客户第一、尊重个人、成就感、不断学习。

公司的团队建设完全围绕企业文化为中心，不空喊口号，不流于形式，而是落实到具体的行动中。诺基亚强调要把人们的思想和行为变成公司与外界竞争的优势，要提升诺基亚的员工成为一个工作伙伴，不仅停留在雇主与员工的劳动合约关系上。

唯有这样，工作伙伴们才会看重自己，一起帮助公司积极发展业务。

诺基亚中国公司媒介经理施炳强介绍，公司的团队建设活动一直在持续进行，各个部门都积极参与。公司会定期举行团队建设的活动，并具体和每个部门的日常工作、业务紧密相连。

诺基亚学院在团队建设和个人能力培养上发挥了很大作用，为员工提供很多很好的机会，能够让员工认识到他们是团队的一分子，每个人都是这个团队有价值的贡献者。

诺基亚在招聘之初，除了专业技能的考核外，也非常注重个人在团队中的表现，将团队精神作为考核指标中的主要项目之一。通常会用一整天时间来测试一个人在团队活动中的参与程度与领导能力，并考虑候选人是否能在有序的团队中发挥协作精神、应有的潜能和资源配置。

以此作为保证，从一开始诺基亚所招聘的人员，就能够接近公司要求的团队合作的精神文化。

3. 导入 CI（企业形象识别系统）战略靠人才

环境的视觉形象很重要，它最直观地体现着企业的文化。一个好的环境要靠有文化品位的人才去规划、去设计，同时会帮助企业员工自觉地改变不良行为。

CI 战略是个系统工程，是管理知识、经营理念创新的过程。如果想要企业升级就要考虑形象问题，要考虑本企业在行业内属于哪一层？将来要做到哪一层？目前要怎样宣传企业形象等都要统筹规划。

企业经营需要策划，企业文化同样需要策划，而且需要更高水平的经典策划。即使现在的企业规模不是很大，即使现在真的没有这个能力和实力全部导入，但是至少要把 VI（视觉识别系统）建立起来，这是导入 CI 战略的最低限度。

实践证明，具有一定文化底蕴的企业一定拥有一个上下齐心、团结一致的团队。反之，一个丧失文化理念、形象不佳的企业肯定是一个作风散漫、效率滞后、信誉较差的企业。

文化融合度高的企业，一定是职业坐标定位准确、职业标准客观可行、人才开发和管理规范的战略型发展企业。

附　录

金蓝盟集团简介

2004 年底，金蓝盟在 17000 多家咨询机构中，被业界评为“咨询 50 强”第 37 位！

2006 年初，金蓝盟荣登业界“全国百名实战派咨询机构”之首！

2007 年初，金蓝盟成功进入中国咨询十强行列！

金蓝盟——十年的阔步挺进

金蓝盟集团成立于 1998 年，历经 10 年风雨历程，已发展成为以企业管理为核心、以实战指导为已任、以专家顾问为支柱的集团公司，下设 15 家公司和 3 大事业部：北京公司、宁波公司、杭州公司、镇江公司、南通公司、重庆公司、济南公司、烟台公司、济宁公司、潍坊公司、金华公司、温州公司、南京公司、无锡公司、软件公司，以及项目事业部、传媒事业部和网站事业部，共有员工 500 余人，其中各类企业管理专家 120 余人。

金蓝盟——3 倍速的跨越发展

金蓝盟集团自 2003 年开始，确立公司跨越式发展的“纵横战略”，即纵向上以开发重点市场，设立独资公司为手段；横向上围绕为企业提供务实管理咨询辅导，开发出软件、门户网站、媒体、融资等多个立体交叉的事业模块。近几年来金蓝盟以 300%的增长速度快速发展。

金蓝盟集团功成名就

学术独具匠心

截至2007年底，金蓝盟陆续出版了《老板操盘力》、《二次创业的操盘部署》、《构建铁班底》、《掌控营销关键点》、《打赢人才战》、《生产管理全方位》、《简约管理》、《一句话说管理》、《赢之局》、《管理的真相》、《金蓝盟咨询案例》等著作，在企业管理理论指导方面提供了独具匠心的方法论，是企业不可多得的“仙露明珠”。

咨询导航通脉

自集团公司成立至今，金蓝盟专家团深入各类企业把脉问诊，专业辅导500余家，其中年销售额1亿元以上的400余家，年销售额过10亿元的100余家，年销售额过50亿元的逾10家。

培训兵法实用

金蓝盟专家团历练实战化的培训风格，以“紧扣企业实践，演绎操作方法”为核心的实战化、系统化培训，赢得了企业管理专家、学者的首肯和众多企业界经营管理者的高度认可。几年来，共培训过数以十万计的企业管理者，其中深度系统培训已过万人，可谓：功德无量传道法，商海有眼取真经。

金蓝盟企业文化

使命：金——辉煌成就员工；蓝——智慧富裕企业；盟——团结汇聚核力。

愿景：领航企业实践，塑造金字品牌；扩展事业平台，演绎成功人生。

企业精神：忠诚、感恩、服从、执著、协同、敬业。

服务宗旨：规范、标准、专业、高效。

业务信条：勤能必胜，勇定无敌；点燃激情，坚信我行。

咨询信条：学高为师，身正为范；肩负重托，倾心注力。

团队理念：互补产生智慧，协同就有力量；和谐展现品牌，满意铸就口碑。

集团五大核心业务

核心业务之一：企业发展战略、经营、营销、管理方面的深度咨询。

核心业务之二：企业管理软件设计与推广。

核心业务之三：务实、务本的实战风格的音像制品策划与发行。

核心业务之四：超值共享的企业门户网站。

核心业务之五：立体化务实、务本培训：《金蓝盟论坛》及实操性的企业内部培训。

金蓝盟社会贡献

1998~1999 年，在国内第一批推广彼得·圣吉博士的《第五项修炼》，为 100 多家企业建设学习型组织。

2000 年首创“整合营销推广模式”，并在一些知名企业导入，之后在中原地区推广。

2001~2002 年，参加上海咨询协会主办的“华东企业培训万里行”活动，为华东 1000 多家企业进行培训。

2002~2007 年，在浙江、江苏、山东、四川相继建立分公司，为当地持续性培育了上万名经理人，深度辅导多家企业全面升级改造，为企业稳健快速发展夯实了智业基础。

金蓝盟经营业绩：

深度辅导了横跨多个行业的 400 多家企业，项目包括流程再造、全面升级、营销策划。

为 400 多家企业导入或规划了现代企业管理模式。

金蓝盟创造了独特的“三大系统，九大模式”的企业管理改善模型，协助诸多企业构建管理模式，为企业二次创业积蓄后劲。

金蓝盟在浙江、山东、江苏、四川等地吸纳1200多家企业会员，常年提供系统化的服务，并得到了会员企业的高度评价。

金蓝盟为企业提升管理的内部管理月刊《企业管理实战》投递已达5万份。

金蓝盟实战风格

量体裁衣：每个企业都有自己的历史背景，理解一个企业才能使方案更具备可操作性，所以我们辅导企业运用的不仅仅是知识，还有10年的行业经验。

思路落地：我们不仅仅是为企业出思路，更要为实施出套路。再好的方案如果不能实施等于没有，我们更加注重方案的推行与落地。

参与执行：我们最大的特点，不是我们最好，而是我们最踏实，我们设计执行的套路，并与企业一道实施、一起调整、一同完善。

金蓝盟专家团队

专职：自有专职专家70多名，这点绝对保证咨询工作的一贯性和整体性，而且公司可以对项目调度和咨询成果总负责。

严谨：金蓝盟专家均接受过公司极其严格的规范化培训，绝对站在第三方的立场上，提供系统专业的思路和可执行的套路。

务实：金蓝盟要求加盟的专家不仅具备高的学历背景，而且要求必须在规范化的大型企业担任5年以上的高层主管经历，属于学识加经验的组合。

拥有化工、电子、医药、机械、交通、食品、橡胶、建筑、矿产、纺织等行业的工作经验与背景。

富有管理咨询及资本运作方面的工作经验。